中国重要农业文化遗产系列读本

内蒙古敖汉
旱作农业系统

NEIMENGGU AOHAN

HANZUO NONGYE XITONG

闵庆文　邵建成◎丛书主编

白艳莹　闵庆文◎主编

中国农业出版社

图书在版编目（CIP）数据

内蒙古敖汉旱作农业系统 / 白艳莹，闵庆文主编. -- 北京：中国农业出版社，2014.10
（中国重要农业文化遗产系列读本 / 闵庆文，邵建成主编）
ISBN 978-7-109-19565-3

Ⅰ.①内… Ⅱ.①白… ②闵… Ⅲ.①旱作农业—介绍—敖汉旗 Ⅳ.① S343.1

中国版本图书馆CIP数据核字（2014）第226390号

中国农业出版社出版
（北京市朝阳区麦子店街18号楼）
（邮政编码 100125）
责任编辑 黄 曦

北京中科印刷有限公司印刷 新华书店北京发行所发行
2015年10月第1版 2015年10月北京第1次印刷

开本：710mm×1000mm 1/16 印张：10.5
字数：230千字
定价：39.00元
（凡本版图书出现印刷、装订错误，请向出版社发行部调换）

编写委员会

重要农业文化遗产是沉睡农耕文明的呼唤者，是濒危多样物种的拯救者，是悠久历史文化的传承者，是可持续性农业的活态保护者。

重要农业文化遗产——源远流长

回顾历史长河，重要农业文化遗产的昨天，源远流长，星光熠熠，悠久历史积淀下来的农耕文明凝聚着祖先的智慧结晶。中国是世界农业最早的起源地之一，悠久的农业对中华民族的生存发展和文明创造产生了深远的影响，中华文明起源于农耕文明。距今1万年前的新石器时代，人们学会了种植谷物与驯养牲畜，开始农业生产，很多人类不可或缺的重要农作物起源于中国。

《诗经》中描绘了古时农业大发展，春耕夏耘秋收的农耕景象："畟畟良耜，俶载南亩。播厥百谷，实函斯活。或来瞻女，载筐及莒，其饟伊黍。其笠伊纠，其镈斯赵，以薅荼蓼。荼蓼朽止，黍稷茂止。获之挃挃，积之栗栗。其崇如墉，其比如栉。以开百室，百室盈止。"又有诗云"绿遍山原白满川，子规声里雨如烟。乡村四月闲人少，才了蚕桑又插田"。《诗经·周颂》云"载芟，春籍田而祈社稷也"，每逢春耕，天子都要率诸侯行观耕藉田礼。至此中华五千年沉淀下了悠久深厚的农耕文明。

农耕文明是我国古代农业文明的主要载体，是孕育中华文明的重要组成部分，是中华文明立足传承之根基。中华民族在长达数千年的生息发展过程中，凭借着独特而多样的自然条件和人类的勤劳与智慧，创造了种类繁多、特色明显、经济与生态价值高度统一的传统农业生产系统，不仅推动了农业的发展，保障了百姓的生计，促进了社会的进步，也由此衍生和创造了悠久灿烂的中华文明，是老祖宗留给我们的宝贵遗产。千岭万壑中鳞次栉比的梯田，烟波浩渺的古茶庄园，波光粼粼和谐共生的稻鱼系统，广袤无垠的草原游牧部落，见证着祖先吃苦耐劳和生生不息的精神，孕育着自然美、生态美、人文美、和谐美。

重要农业文化遗产——传承保护

时至今日，我国农耕文化中的许多理念、思想和对自然规律的认知，在现代生活中仍具有很强的应用价值，在农民的日常生活和农业生产中仍起着潜移默化的作用，在保护民族特色、传承文化传统中发挥着重要的基础作用。挖掘、保护、传承和利用我国重要农业文化遗产，不仅对弘扬中华农业文化，增强国民对民族文化的认同感、自豪感，以及促进农业可持续发展具有重要意义，而且把重要农业文化遗产作为丰富休闲农业的历史文化资源和景观资源加以开发利用，能够增强产业发展后劲，带动遗产地农民就业增收，实现在利用中传承和保护。

习近平总书记曾在中央农村工作会议上指出，"农耕文化是我国农业的宝贵财富，是中华文化的重要组成部分，不仅不能丢，而且要不断发扬光大"。2015年，中央一号文件指出要"积极开发农业多种功能，挖掘乡村生态休闲、旅游观光、文化教育价值。扶持建设一批具有历史、地域、民族特点的特色景观旅游村镇，打造形式多样、特色鲜明的乡村旅游休闲产品"。2015政府工作报告提出"文化是民族的精神命脉和创造源泉。要践行社会主义核心价值观，弘扬中华优秀传统文化。重视文物、非物质文化遗产保护"。当前，深入贯彻中央有关决策部署，采取切实可行的措施，加快中国重要农业文化遗产的发掘、保护、传承和利用工作，是各级农业行政管理部门的一项重要职责和使命。

由于尚缺乏系统有效的保护，在经济快速发展、城镇化加快推进和现代技术应用的过程中，一些重要农业文化遗产正面临着被破坏、被遗忘、被抛弃的危险。近年来，农业部高度重视重要农业文化遗产挖掘保护工作，按照"在发掘中保护、在利用中传承"的思路，在全国部署开展了中国重要农业文化遗产发掘工作。发掘农业文化遗产的历史价值、文化和社会功能，探索传承的途径、方法，逐步形成中国重要农业文化遗产动态保护机制，努力实现文化、生态、社会和经济效益的统一，推动遗产地经济社会协调可持续发展。组建农业部全球重要农业文化遗产专家委员会，制定《中国重要农业文化遗产认定标准》《中国重要农业文化遗产申报书编写导则》和《农业文化遗产保护与发展规划编写导则》，指导有关省区市积极申报。认定了云南红河哈尼稻作梯田系统、江苏兴化垛田传统农业系统等39个中国重要农业文化遗产，其中全球重要农业文化遗产11个，数量占全球重要农业文化遗产总数的35%，目前，第三批中国重要农业文化遗产发掘工作也已启动。这些遗产包括传统稻作系统、特色农业系统、复合农业系统和传统特色果园等多种类型，具有悠久的历史渊源、独特的农业产品、丰富的生物资源、完善的知识技术体系以及较高的美学和文化价值，在活态性、适应性、复合性、战略性、多功能性和濒危性等方面具有显著特征。

重要农业文化遗产——灿烂辉煌

重要农业文化遗产有着源远流长的昨天，现今，我们致力于做好传承保护工作，相信未来将会迎来更加灿烂辉煌的明天。发掘农业文化遗产是传承弘扬中华文化的重要内容。农业文化遗产蕴含着天人合一、以人为本、取物顺时、循环利用的哲学思想，具有较高的经济、文化、生态、社会和科研价值，是中华民族的文化瑰宝。

未来工作要强调对于兼具生产功能、文化功能、生态功能等为一体的农业文化遗产的科学认识，不断完善管理办法，逐步建立"政府主导、多方参与、分级管理"的体制；强调"生产性保护"对于农业文化遗产保护的重要性，逐步建立农业文化遗产的动态保护与适应性管理机制，探索农业生态补偿、特色优质农产品开发、休闲农业与乡村旅游发展等方面的途径；深刻认识农业文化遗产保护的必要性、紧迫性、艰巨性，探索农业文化遗产保护与现代农业发展协调机制，特别要重视生态环境脆弱、民族文化丰厚、经济发展落后地区的农业文化遗产发掘、确定与保护、利用工作。各级农业行政管理部门要加大工作指导，对已经认定的中国重要农业文化遗产，督促遗产所在地按照要求树立遗产标识，按照申报时编制的保护发展规划和管理办法做好工作。要继续重点遴选重要农业文化遗产，列入中国重要农业文化遗产和全球重要农业文化遗产名录。同时要加大宣传推介，营造良好的社会环境，深挖农业文化遗产的精神内涵和精髓，并以动态保护的形式进行展示，能够向公众宣传优秀的生态哲学思想，提高大众的保护意识，带动全社会对民族文化的关注和认知，促进中华文化的传承和弘扬。

由农业部农产品加工局（乡镇企业局）指导，中国农业出版社出版的"中国重要农业文化遗产系列读本"是对我国农业文化遗产的一次系统真实的记录和生动的展示，相信丛书的出版将在我国重要文化遗产发掘保护中发挥重要意义和积极作用。未来，农耕文明的火种仍将亘古延续，和天地并存，与日月同辉，发掘和保护好祖先留下的这些宝贵财富，任重道远，我们将在这条道路上继续前行，力图为人类社会发展做出新贡献。

农业部党组成员

自人类历史文明以来，勤劳的中国人民运用自己的聪明智慧，与自然共融共存，依山而住、傍水而居，经一代代的努力和积累创造出了悠久而灿烂的中华农耕文明，成为中华传统文化的重要基础和组成部分，并曾引领世界农业文明数千年，其中所蕴含的丰富的生态哲学思想和生态农业理念，至今对于国际可持续农业的发展依然具有重要的指导意义和参考价值。

针对工业化农业所造成的农业生物多样性丧失、农业生态系统功能退化、农业生态环境质量下降、农业可持续发展能力减弱、农业文化传承受阻等问题，联合国粮农组织（FAO）于2002年在全球环境基金（GEF）等国际组织和有关国家政府的支持下，发起了"全球重要农业文化遗产（GIAHS）"项目，以发掘、保护、利用、传承世界范围内具有重要意义的，包括农业物种资源与生物多样性、传统知识和技术、农业生态与文化景观、农业可持续发展模式等在内的传统农业系统。

全球重要农业文化遗产的概念和理念甫一提出，就得到了国际社会的广泛响应和支持。截至2014年底，已有13个国家的31项传统农业系统被列入GIAHS保护名录。经过努力，在今年6月刚刚结束的联合国粮农组织大会上，已明确将GIAHS工作作为一项重要工作，并纳入常规预算支持。

中国是最早响应并积极支持该项工作的国家之一，并在全球重要农业文化遗产申报与保护、中国重要农业文化遗产发掘与保护、推进重要农业文化遗产领域的国际合作、促进遗产地居民和全社会农业文化遗产保护意识的提高、促进遗产地经济社会可持续发展和传统文化传承、人才培养与能力建设、农业文化遗产价值评估和动态保护机制与途径探索等方面取得了令世人瞩目的成绩，成为全球农业文化遗产保护的榜样，成为理论和实践高度融合的新的学科生长点、农业国际合作的特色工作、美丽乡村建设和农村生态文明建设的重要抓手。自2005年"浙江青田稻鱼共生系统"被列为首批"全球重要农业文化遗产系统"以来的10年间，我国已拥有11个全球重要农业文化遗产，居于世界各国之首；2012年开展中国重要农业文化遗产发掘与保护，2013年和2014年共有39个项目得到认定，成为最早开展国家级农业文化遗产发掘与保护的国家；重要农业文化遗产管理的体制与机制趋于完善，并初步建立了"保护优先、合理利用，整体保护、协调发展，动态保护、功能拓展，多方参与、惠益共享"的保护方针和"政府主导、分级管理、多方参与"的管理机制；从历史文化、系统功能、动态保护、发展战略等方面开展了多学科综合研究，初步形成了一支包括农业历史、农业生态、农业经济、农业政策、农业旅游、乡村发展、农业民俗以及民族学与人类学等领域专家在内的研究队伍；通过技术指导、示范带动等多种途径，有效保护了遗产地农业生物多样性与传统文化，促进了农业与农村的可持续发展，提高了农户的文化自觉性和自豪感，改善了农村生态环境，带动了休闲农业与乡村旅游的发展，提高了农民收入与农村经济发展水平，产生了良好的生态效益、社会效益和经济效益。

习近平总书记指出，农耕文化是我国农业的宝贵财富，是中华文化的重要组成部分，不仅不能丢，而且要不断发扬光大。农村是我国传统文明的发源地，乡土文化的根不能断，农村不能成为荒芜的农村、留守的农村、记忆中的故园。这是对我国农业文化遗产重要性的高度概括，也为我国农业文化遗产的保护与发展指明了方向。

　　尽管中国在农业文化遗产保护与发展上已处于世界领先地位，但比较而言仍然属于"新生事物"，仍有很多人对农业文化遗产的价值和保护重要性缺乏认识，加强科普宣传仍然有很长的路要走。在农业部农产品加工局（乡镇企业局）的支持下，中国农业出版社组织、闵庆文研究员担任丛书主编的这套"中国重要农业文化遗产系列读本"，无疑是农业文化遗产保护宣传方面的一个有益尝试。每本书均由参与遗产申报的科研人员和地方管理人员共同完成，力图以朴实的语言、图文并茂的形式，全面介绍各农业文化遗产的系统特征与价值、传统知识与技术、生态文化与景观以及保护与发展等内容，并附以地方旅游景点、特色饮食、天气条件。可以说，这套书既是读者了解我国农业文化遗产宝贵财富的参考书，同时又是一套农业文化遗产地旅游的导游书。

　　我十分乐意向大家推荐这套丛书，也期望通过这套书的出版发行，使更多的人关注和参与到农业文化遗产的保护工作中来，为我国农业文化的传承与弘扬、农业的可持续发展、美丽乡村的建设作出贡献。

　　是为序。

中国工程院院士

联合国粮农组织全球重要农业文化遗产指导委员会主席

农业部全球/中国重要农业文化遗产专家委员会主任委员

中国农学会农业文化遗产分会主任委员

中国科学院地理科学与资源研究所自然与文化遗产研究中心主任

2015年6月30日

前言

敖汉旗隶属于内蒙古自治区赤峰市，是中国古代农耕文明与草原文明的交汇处，也是重要的旱作农业地区之一。位于敖汉旗境内的兴隆洼遗址被称为"华夏第一村"，兴隆沟遗址被誉为"旱作农业发源地"。兴隆沟发掘的粟和黍碳化颗粒距今已有8 000年的历史，比中欧地区发现的谷子早2 700年，被证明是当今世界上所知最早的人工粟和黍的栽培遗存。专家们由此推断，西辽河上游地区是这两种谷物的起源地和中国古代北方旱作农业的起源地。

敖汉旱作农业系统具有丰富的农业生物多样性和相关生物多样性，粟和黍为代表的旱作农业品种为最具代表性的农作物种质资源。粟和黍在长期的演化过程中形成了抗旱、早熟、耐瘠薄等特点，是干旱、半干旱地区发展旱作节水农业的重要作物选择，在适应气候变化、促进农业可持续发展中发挥了重要作用。独特的地理环境为旱作农业的发展提供了资源基础，形成了独特的旱作农业生态系统景观。先民们在长期的农耕实践中创造并积累了丰富的经验，形成了内涵丰富的旱作农业技术知识体系。从远古的祭祀活动，到近代的祈福习俗，无不和农耕文化有着密切的联系，形成了具有浓郁地方特色的民族传统文化。"敖汉旱作农业系统"于2012年被联合国粮农组织列入全球重要农业文化遗产（GIAHS）名录，并于2013年被农业部列入第一批中国重要农业文化遗产（China-NIAHS）。

本书是中国农业出版社生活文教分社策划出版的"中国重要农业文化遗产系列读本"之一，旨在为广大读者打开一扇了解敖汉旱作农业系统的"窗口"，提高全社会对农业文化遗产及其价值的认识和保护意识。全书包括八个部分："引言"简要介绍了敖汉旱作农业系统概况；"旱作农业之起源"介绍了敖汉旱作农业系统的起源和传承；"五谷杂粮之精品"介绍了粟和黍等杂粮作物在维持当地生计安全中的重要作用；"生态服务之多样"介绍了系统中的丰富的生物多样性、重要的生态适应性、防风固沙和水土保持等生态服务功能、以及绚丽多彩的农业景观；"传统文化之丰富"介绍了相关的民风民俗、节日、农谚、建筑、饮食文化等；"传统技术之独特"介绍了旱作农业播种、田间管理、收获、加工的知识体系与适应性技术；"保护发展之未来"介绍了保护与发展中面临的挑战、机遇与对策等；"附录"部分简要介绍了遗产地旅游资讯、遗产保护大事记以及全球/中国重要农业文化遗产名录。

本书是编写者参考敖汉旱作农业系统农业文化遗产申报文本和保护与发展规划的基础上，通过进一步调研编写完成的，是集体智慧的结晶。全书由闵庆文、白艳莹设计框架，闵庆文、白艳莹、辛华、徐峰、杨丽韫统稿。编写过程中，得到了李文华院士的具体指导，敖汉旗现任领导邱文博、于宝君、叶秀丽、李雨时、田国瑜等和原领导黄彦峰、邢和平等及当地有关部门的大力支持，在此一并表示感谢！

由于水平有限，难免存在不当甚至谬误之处，敬请读者批评指正。

编　者

2015年7月12日

目 录

引言

在燕山山脉东段努鲁尔虎山北麓、科尔沁沙地南缘，有一片古老而神奇的土地，这就是塞外明珠——敖汉旗。从地图上看，敖汉旗的行政区域恰似一片绿叶，人们会因这片绿叶而联想到绿叶间芬芳的硕果。老哈河、孟克河、叫来河三条河流像三条玉带一样，飘附在它呈棱形的母体上。这里文化厚重，山青水秀，街市繁华，物产丰富，百姓安居，人才济济，民风淳朴。

敖汉旗历史悠久，人文灿烂。距今近万年历史的"小河西文化"，填补了辽西地区考古学文化的空白；距今8 000年历史的"兴隆洼文化"聚落遗址，被考古界誉为"华夏第一村"；在距今7 000年历史的"赵宝沟文化"遗址出土的绘有龙凤图案的陶尊，被尊为"中华第一艺术神器"和"中国画坛之祖"；在距今5 000年历史的红山文化遗址出土的中国第一件红山文化石雕神像，被学术界誉为"史前艺术宝库的珍品"，出土的红山陶人，被誉为"中华祖神"；在距今4 000年历史的"小河沿文化"遗址中出土的彩陶和玉器，曾引起中国考古界的强烈反响；距今3 000年历史的大甸子夏家店下层遗址，被誉为"海内外孤篇"；距今2 000年历史的夏家店上层遗址表明，这里早期的先民们当时已经掌握了成熟的采矿和青铜冶炼制造技术。

敖汉旗是中国古代农业文明与草原文明的交汇处，境内分布着被誉为"华夏第一村"的兴隆洼遗址和"旱作农业发源地"的兴隆沟遗址。2001年至2003年在兴隆沟发掘的碳化粟和黍粒距今已有8 000年的历史，比中欧地区发现的谷子早2 700年，被证明是当今世界上所知最早的人工粟和黍的栽培遗存。专家们由此推断，西辽河上游地区是粟和黍的起源地和中国古代北方旱作农业的起源地之一，也是横跨欧亚大陆旱作农业的发源地。遗址地发现的与旱作农业相关的一系列生产工具也见证了敖汉旗的农业起源和农业发展历程。"敖汉旱作农业系统"2012年

被联合国粮农组织（FAO）列入全球重要农业文化遗产（GIAHS），成为世界上第一个旱作农业文化遗产；并于2013年被农业部列入第一批中国重要农业文化遗产（China-NIAHS）。此外，由于敖汉旗坚持不懈，在植树种草、治山治沙的生态建设中取得了举世瞩目的成就，2002年被联合国环境规划署授予"全球环境五百佳"的荣誉称号。一个县级地区获得两项"世界级"殊荣，在我国可以说较为罕见。

敖汉旗是典型的旱作农业区和农牧交错带，生境复杂而多样，旱作农业系统具有丰富的生物多样性。以粟和黍为代表的丰富多样的旱作农业品种为农作物种质资源的保护提供了条件，具有8 000年栽培历史的粟和黍，在漫长的进化过程中具备了抗旱、耐热、耐盐碱、耐瘠、早熟的优良农艺性状，对于遗传多样性的保护有着重要的意义。

敖汉旗独特的地理环境和气候条件为旱作农业的发展提供了基础。坡坡岭岭、沟沟坎坎，到处都是以粟和黍为代表的杂粮作物，形成了独特的旱作农业系统景观。敖汉旗的粟和黍是原始的栽培种，在区域分布和种植季节上具有互补性和不可取代性，并且生育期短，适应性强，耐旱耐瘠薄，是干旱、半干旱地区发展旱作节水农业的重要作物选择，在耕种方式上有丰富的经验积累。由于敖汉旗的粟和黍等杂粮多生长在旱坡地上，且株型较小，不便于机械化作业，千百年来保持着牛耕人锄的传统耕作方式，而且该地区自然环境条件较好，极少使用化肥农药，保证了杂粮生产的天然特性，赢得了"中国杂粮出赤峰，优质杂粮在敖汉"、"敖汉杂粮，悉出天然"的美誉。

敖汉旗有着8 000年旱作农业种植历史，在长期的杂粮耕作实践中，原始的民间文化经过数千年的沉淀，逐步形成了歌谣、节令、习俗、耕技等丰富多彩的特色旱作农业文化，并世代传承。敖汉旗独特的旱作农业历史文物、民俗、民间工艺、语言文化等反映了传统农业的思想理念、生产技术、耕作制度和文化内涵。

敖汉旱作农业系统在旱作农业品种资源保护、旱作农业技术传播和农耕文化传承等方面，对于现代农业发展都具有借鉴意义。深入挖掘敖汉旱作农业系统的起源与历史、生态服务功能、传统农业知识与技术、传统文化与习俗、遗产的保护和发展等方面的问题，可以对其他地区旱作农业的保护和发展起到积极的推动作用。

一

旱作农业之起源

八千年的风雨印刻了时代的沧桑变化，八千年的精耕细作隽秀出敖汉农业的历史文明，八千年的辛勤汗水浇灌出世界旱作农业的发源地。敖汉旗这一享誉世界的地方，时间的老人冲刷掉无数次的辉煌，而在兴隆洼考古发掘出来的谷子却没有沉睡，被一代又一代的敖汉人传承至今，且历久弥新，散发着文化与经济巧妙结合的异彩。

敖汉旗历史悠久，山青水秀，物华天宝，人杰地灵。在这里，燕山山脉向松辽平原过渡，农业文明与草原文明交汇，老哈河、孟克河、叫来河纵贯南北，平原、丘陵、沙漠等自然地理环境孕育了古老的农业文明。2012年，敖汉旱作农业系统被列为全球重要农业文化遗产，成为世界第一个以杂粮生产为特色的全球重要农业文化遗产。

（一）世界粟黍之源

敖汉旗有着近万年的农耕文明，享有"龙祖圣地"、"世界玉文化源头"之美誉。特殊的地理环境，孕育了这里古老的历史文化。敖汉旗一系列的考古研究震惊中外：发现了一万年以来不同时期的4 000余处古文化遗址和墓葬，挖掘了小河西文化（距今8 200年以远）、兴隆洼文化（距今约7 400~8 200年）、赵宝沟文化（距今约6 400~7 200年）、红山文化（距今约5 000~6 700年）、小河沿文化（距今约4 500~5 000年）等考古文化遗址，其中以当地地名命名的有小河西文化、兴隆洼文化、赵宝沟文化和小河沿文化。它们的发现和命名，填补了我国东北地区考古编年的空白，并将我国北方地区新石器时代的历史向前推进了3 000年。

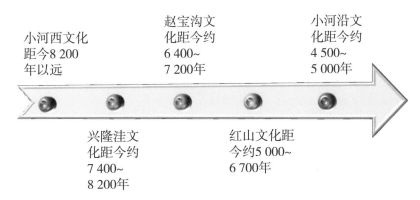

敖汉旗发现并命名的考古文化（中科院地理资源所制作）

《《 小河西文化 》》

位于敖汉旗木头营子乡小河西村西南1千米的山梁上。1984年文物普查时发现，1987年和1988年由中国社会科学院考古研究所对其进行考古发掘。遗址总面积2万平方米，揭露古代房址40余座，经碳14测定为9 000年以前，小河西遗址出土的陶器大多以叶脉纹为主，说明当时的经济形态是以采摘野果和狩猎为主。该遗址在敖汉旗共发现30余处。

《《 兴隆洼文化 》》

位于敖汉旗宝国吐乡（今兴隆洼镇）兴隆洼村东1千米的缓坡地上。1982年文物普查时发现。1983—1994年由中国社会科学院考古研究所和敖汉旗博物馆历时8年，经过7次大规模考古发掘，获得了重要考古发现。由于面积大、保存好、时代早，被学术界誉为"华夏第一村"。兴隆洼遗址总面积6万平方米，发掘面积5万平方米，揭露古代房址188座，出土了世界上最早的玉器，由此敖汉旗被学术界确立为中国玉文化源头。碳14测定为距今8 000年，发现了奇特的服饰"蚌裙"

和奇特的葬俗"人猪合葬居室墓",这一系列重要的考古发现,分别被评为1992年"中国十大考古发现"之一,"八五"期间"中国二十世纪百项考古大发现"之一。兴隆洼文化兴隆沟遗址浮选出土的碳化粟和黍颗粒,证明这里是横跨欧亚大陆旱作农业的发源地,比欧洲早2 700余年。

≪≪ 赵宝沟文化 ≫≫

位于敖汉旗高家窝铺乡赵宝沟村西北2千米的缓坡地上。1982年敖汉旗文物普查时发现,1986年由中国社会科学院考古研究所和敖汉旗博物馆进行联合考古发掘。遗址总面积9万平方米,发掘面积2 000平方米,揭露房址17座,出土了一批较为珍贵的文物,碳14测定为距今7 000年,特别是陶器以三灵物纹尊形器弥足珍贵。在尊形器的腹部刻画有鹿、猪、鸟作为头饰,身躯为蛇身,被学术界誉为"中国第一艺术神器"和"中国画坛之祖",专家们认为这是7 000年前人类的原始图腾崇拜。1996年由科学出版社出版的反映赵宝沟文化的学术专著《敖汉赵宝沟》向世界发行。

≪≪ 红山文化 ≫≫

敖汉旗是红山文化的核心区域,在敖汉境内共发现530处红山文化遗址和5处祭祀遗址。敖汉旗博物馆于2001年清理的四家子镇草帽山红山文化祭祀遗址,出土了中国第一件红山文化石雕神像,被学术界誉为是"史前艺术宝库的珍品"。在兴隆沟遗址发掘出土的红山陶人,牵动了亿万中华儿女的心。对此,我国三大新闻主流媒体新华社、中央电视台、《人民日报》相继向世界进行了播报。

《《 小河沿文化 》》

位于敖汉旗四道湾子镇白斯郎营子村，遗址总面积1万平方米，共清理古代房址4座，经碳14测定年代为4 500~5 000年前，获取了一批新的考古资料。特别是彩陶器上绘以三角形、八角形图案，十分精彩。

2002—2003年期间，中国社会科学院考古研究所内蒙古工作队在敖汉旗兴隆沟遗址进行了大规模发掘，出土了粟和黍的碳化颗粒，证明了农耕文明在这片古老的土地上放射出的璀璨光芒。

考古工作者从三个地点先后采集复选土样1 500份左右，然后在实验室对浮选结果进行识别、鉴定，从中发现了1 500多粒碳化谷粒，其中黍占90%，粟占10%。经过鉴定，这些谷物完全是人工栽培形态。加拿大多伦多大学进行了碳14鉴定后认为这些谷物距今7 700~8 000年，比中欧地区发现的谷子早2 000~2 700年，比我国河北武安磁山遗址出土的粟的遗存（距今7 000~7 500年）也早500~1 000年。专家们由此推断，西辽河上游地区是粟和黍的起源地和中国古代北方旱作农业的起源地之一，也是横跨欧亚大陆旱作农业的发源地。

兴隆沟遗址（敖汉旗文体局/提供）

兴隆洼遗址（敖汉旗文体局/提供）

红山整身陶人
（敖汉旗文体局/提供）

兴隆沟遗址出土的碳化粟
（敖汉旗博物馆/提供）

兴隆沟遗址出土的碳化黍
（敖汉旗博物馆/提供）

（二）农耕传承八千年

敖汉旗的农耕文化起步很早。在许多考古文化的遗址地，都发现了与旱作农业相关的生产工具，有锄形器、铲形器、刀、磨盘、磨棒、斧形器等，它们的发现见证了敖汉旗的农业起源和农业发展历程：

（1）在小河西文化遗址地出土的石器有打制敲砸器、双肩锄形器、磨制细柄石斧、凿、环刃器、磨盘、磨棒等，从而推断出狩猎、捕捞、采集是该时期的主要经济活动，原始农业可能还处于萌芽状态。

（2）兴隆洼文化遗址出土了大量掘土工具（石锄、石铲）、谷物类加工工具（石磨盘、石磨棒）等，这些石器大多为当时农耕的原始生产工具。先民们以石斧砍伐树木，清理耕地，用石锄和石铲等掘土工具翻地播种，去除杂草，用磨盘和磨棒来从事谷物加工，用陶质器具来蒸煮食物。可以推断，兴隆洼文化的农业已经脱离了最原始状态，进步到了锄耕农业阶段，而且已经存在加工系统，并形成了初步的产业形态。此外，

小河西遗址出土的打制石铲
（敖汉旗博物馆/提供）

小河西遗址出土的骨制复合工具（敖汉旗博物馆/提供）

兴隆洼遗址地
出土的石锄
（敖汉旗博物馆/提供）

兴隆洼遗址地出土的
打制器肩石铲
（敖汉旗博物馆/提供）

兴隆洼遗址地出土的
石磨盘、磨棒
（敖汉旗博物馆/提供）

还在兴隆洼遗址的房屋居住面上出土有较多的捕捞工具（骨梗石刃镖）和植物果核等，说明农业、捕捞、采集经济作为补充也同时存在。

（3）在赵宝沟遗址中，几乎每座房址内都同时出土有石斧和石耜，成套出土的磨棒和磨盘数量也较多，还有石刀和复合石刀出土。这些与农业生产相关的生产工具的出土表明，当时的农业较兴隆洼文化时期有了较大的发展，农业经济在赵宝沟文化经济结构中已占有举足轻重的地位。

（4）红山文化遗址出土的农业生产工具较赵宝沟文化有了较大的改进，其显著标志便是用于深翻土地的大型掘土工具和收获谷物的刀具的普遍出现。新型掘土工具的出现意味着，西辽河流域的原始农业进入了一个前所未有的土地大开垦时期。石刀和蚌刀等新型收割工具的出现，极大地提高了农业生产效率，说明西辽河流域远古农业出现了重要发展，谷物种植面积扩大。而温暖偏湿的自然环境又为农业的发展提供了必备的客观条件。红山文化的农业得到空前发展，其经济形态以农业经济为主，狩猎、采集、捕捞经济作为补充。

（5）小河沿文化遗址挖掘的房址内，除出土有陶瓮、罐、尊、器座、钵、豆、盘等生活用具外，还出土有石斧、锛、铲、刀、圆形有孔器、磨盘、杵、细石器和陶纺轮等生产工具，以及猪、狗头陶塑等。小河沿文化中的石、骨、蚌、陶等不同质料、不同用途的生产工具以及相关遗存表明，当时的社会经济形式呈现出多样化，狩猎、捕捞、采集、农业、家畜饲养以及手工工业等多种经济共同构成了其经济形态。

赵宝沟遗址地出土的石耜
（敖汉旗博物馆/提供）

赵宝沟遗址地出土的鹿纹陶豆
（敖汉旗博物馆/提供）

红山文化遗址地出土的石耜、石棒头
（敖汉旗博物馆/提供）

红山文化遗址地出土的斜口器
（敖汉旗博物馆/提供）

在漫长的人类发展历史中，农业是人们维系生存的重要产业之一，从原始农业的起源，到现代农业的发展过程，也是一个生产工具传承演变的过程。即使在现代社会的一些地区，农业生产工具中还留存着石器时代的影子，虽然有些工具已经发展进化，但本质的东西还没有大的改变，它将对我们加深认识远古的农耕文化带来深刻的启示。

敖汉作为典型的旱作农业的代表，农业生产历史悠久。从兴隆沟遗址浮选出碳化粟颗粒，证明是最早人工种植的谷物。从大甸子墓群出土的麦粒、谷壳可以证明，早在商代这里就有了一定规模的农耕活动。及至清代，康熙皇帝认为这里"田土甚佳，百谷可种"，若农牧并举"自两不相妨"，遂有大批移民涌入垦荒，敖汉地区逐渐形成了大面积的农区。

此外，敖汉保持着完善的旱作农耕技术体系。先民们在生产生活过程中积累了大量的技能和经验，通过总结提炼，在栽培技术上也形成了系统的种植措施，形成一套完整的农业生产生活和民间文化知识体系。特别是粟和黍的种植，千百年来保持着牛耕人锄的传统耕作方式。从先民们使用的石铲、石耜、石刀、石磨盘等，到今天春种、夏锄、秋收等使用的生产工具，其模式基本相同，由此确保了粟和黍的绿色天然本质。

粟和黍种植的田间管理比较复杂，从春播前的耙压保墒到开犁播种再到出苗后的耙压抗旱、人工间苗、除草追肥、成苗后的铲耥灌稢及灭虫等，直到收割入场，这一系列的生产过程中，随处可以看到传承数千年的农耕文化。春种、夏耘、秋收、冬藏，先民们积累了一整套农业生产经验。以敖汉谷子种植为代表的旱作农业系统，

小河沿遗址地出土的彩陶器盖、双耳彩陶尊（敖汉旗博物馆/提供）

始终保持了连续的传承，时至今日还保存着古老的耕作方式和耕作机制，与所处环境长期协同进化和动态适应，千百年来支撑着敖汉经济社会的发展和百姓的生存需要。

传统生产工具（敖汉旗博物馆/提供）

二

五谷杂粮之精品

一粒种子，记录了遗传8 000年谷物基因的密码；

一粒种子，承载了香甜8 000年人类舌尖的历史；

一粒种子，铸就了敖汉8 000年农耕文明的辉煌；

一粒种子，开启了谷乡永续发展的新纪元。

（一）优质杂粮生产基地

敖汉旗是典型的旱作农业区，是农业大旗和粮食生产基地县。2013年，全旗农作物播种总面积380万亩*，其中粮食作物330万亩，经济作物35万亩，其他作物15万亩，全旗粮食产量达到134万吨，是"全国粮食生产先进县"，内蒙古自治区粮食产量十强县之一，赤峰市粮食生产第一县。

敖汉旗的主要粮食作物有玉米、谷子、高粱、荞麦等，杂粮生产是其种植业中的优势产业，盛产谷子、糜黍、荞麦、高粱、杂豆等绿色杂粮。其中谷子是仅次于玉米的第二大作物，也是第一大杂粮作物，主要分布在南部山区，历年种植面积在60万亩左右，占全旗耕地面积的16%，正常年份平均亩产240千克左右，总

全国粮食生产先进县
（敖汉旗农业局/提供）

全国最大优质谷子生产基地
（敖汉旗农业局/提供）

---

* 1亩≈667平方米。

产量近15万吨。2014年，敖汉谷子种植面积达80万亩，经中国作物学会粟类作物专业委员会对近年来全国县级谷子生产规模和优质品种面积统计，敖汉旗稳居首位，并因此授予敖汉旗"全国最大优质谷子生产基地"称号。敖汉旗每年向全国输出10万吨优质谷子，成为全国谷子市场价格信息的"晴雨表"。

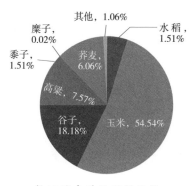

敖汉旗农作物种植结构
（中科院地理资源所绘制）

（二）地理标志保护产品

敖汉旗有效积温高，昼夜温差大，光照充足。在这种气候下生产出的杂粮品质优良，营养丰富，加之敖汉杂粮绝大部分种植在山地或沙地，土质和空气都是无污染区，施用自制的农家肥，再现了杂粮的天然特性。如今，敖汉小米、敖汉荞麦都成为了受县级保护的地理标志产品。

❶ 地理标志保护产品——敖汉小米

2013年，国家质检总局正式发布了2013年第73号公告，批准"敖汉小米"实施地理标志产品保护，产地范围为内蒙古自治区敖汉旗现辖行政区域。

敖汉旗是以农为主、农牧林结合的经济类型区。年降水量在310~460毫米之间，属典型的旱作雨养农业区。地处中温带，属于

地理标志保护产品——敖汉小米
（敖汉旗质检局/提供）

大陆性季风气候，四季分明，太阳辐射强烈，日照丰富，气温日差较大，冬季漫长而寒冷，春季回暖快，夏季短而酷热且降水集中，秋季气温骤降。雨热同季，积温有效性高，无霜期130~150天。适宜的生态气候条件，不同的地质土壤

八千粟牌小米
（敖汉远古公司/提供）

类型，赋予了敖汉谷子得天独厚的生长环境优势，造就了敖汉小米优质的天然特性。

清朝时期，敖汉小米就已成为宫廷贡米，敖汉旗也成为清廷贡米的主要供应地。20世纪90年代，敖汉本地种植户中就开始有人以"敖汉小米"的商品名称对外销售。同时，敖汉旗农业技术推广中心经过试验、示范，引进并推广了适宜在敖汉旗种植的大金苗和大红谷等品种，按照标准进行种植和加工，使敖汉小米的产量和品质都有了进一步的提升，市场范围进一步扩大。敖汉旗现有小米生产加工企业22家，年产小米5万吨，年创产值8亿元。显然，敖汉小米已成为敖汉旗杂粮种植业中的优势品种和地方特色产品。

敖汉旗本地产的小米有四种颜色，分别是澄澄的黄、淡然的白、低调的绿和素雅的黑，每一种颜色都是不同的口感和绵软，营养成分也各自有别，唯一相同的是它们有一个共同的名字"敖汉小米"。目前，敖汉旗的谷子种植面积达60万亩，产量达15万吨，因"全球环境500佳"的优质环境和适宜的气候条件，颗粒大、粒形圆、晶莹透明、品质上乘的敖汉小米获得国家质监局颁布的"地理标志保护产品"。为了使"品牌"更好的带动县域经济发展，依托远古农耕文明打造的"敖汉小米"，被打好包装，注册上品牌，畅销到全国各地，让更多的人品尝到这"舌尖上的文明"，并进一步了解敖汉旗。

当地政府对发展敖汉小米产业高度重视，把有效挖掘利用优质小米资源、做大做强优质小米产业，提升到促进农村经济持续快速健康发展的战略高度，从实施品

孟克河牌有机小米（敖汉旗农业局/提供）

牌战略、增加产品的附加值、增强市场竞争力、推进农业产业化进程出发，以市场为导向，以现有龙头企业、土地等存量资产为载体，从各个方面积极支持、引导农民广泛推广种植。现在，随着敖汉小米产量的增加和市场的拓展，敖汉小米的知名度越来越高，打造了一批如"八千粟""沃野""天然""华夏第一村""孟克河"等小米品牌，在国内外市场上具有较强的竞争力，已销往华中、华北和东北地区各大城市，销售市场前景广阔，价格优势更加突出。今天，敖汉小米正带着"全球环境500佳"的绿色名片和"全球/中国重要农业文化遗产"的文化名片，走向更加广阔的国内外市场。

② 农产品地理标志产品——敖汉荞麦

2008年，农业部发布第1119号公告，批准敖汉荞麦为中华人民共和国农产品地理标志产品，依法受到保护。在敖汉旗境内，下洼镇、大甸子乡、林家地乡、玛尼罕乡（镇）的53个村划定为农产品"敖汉旗荞麦"地理标志区域保护范围。

敖汉荞麦地理标志产品证书
（敖汉旗农业局/提供）

赤峰敖汉地区独特的土壤与气候条件非常适合杂粮杂豆种植，这里盛产的荞麦与黑豆、黍子、绿豆被誉为"一优三秀"纯天然、无污染的绿色杂粮，誉满北方，驰名日本、韩国及东南亚国家。双井"牛力皋"牌荞面粉已在国家工商总局注册，以其"粒饱、皮薄、面多、粉白、筋高、品优"而驰名中外，畅销国内各大中城市，并远销日本、韩国等国家和地区，深受国内外人士的赞誉，倍受消费者的欢迎。

荞麦生产基地（敖汉旗农业局/提供）

敖汉旗原双井乡有"荞麦之乡"的美称，这里种植荞麦有得天独厚的自然地理条件，昼夜温差大，光照充足，适宜荞麦的生长。因此，荞麦在该地区种植面积大，产量高，因其无农药、无化肥污染而被称为"绿色食品"。

牛力皋川位于敖汉旗原双井乡境内，因种植荞麦历史悠久，品质优良而

敖汉荞麦

闻名，特别是在日本、韩国的客商中有一定的知名度，牛力皋川荞面更是香甜可口，味道纯正，色香味俱佳，是荞麦面中的上品。

目前，全旗的荞麦种植面积达到15万亩，产量20 000吨。每年8月，在敖汉的长胜镇、木头营子乡等众多乡镇，你可以看到成片的荞麦花恣意地漫过田间、坡梁，白色细小的花朵汇成一望无垠的荞麦花海，在初秋的风中摇摇曳曳，绽放出一种别致、浪漫的美丽。诗人白居易曾在《村夜》中写到"独出前门望野田，月明荞麦花如雪。"用这传承了千年的古韵诗句来形容敖汉的荞麦花是最恰当不过了。

收获荞麦（姚景东/摄）

（三）天然绿色杂粮精品

敖汉杂粮品质优良，营养丰富，尤其是粟和黍的营养价值突出。

粟，也就是目前常说的小米，在农作物中被列为小杂粮之首，有"百谷之长"之称。古代叫禾，是谷子去壳后的产物，因其粒小，直径约1毫米左右，因此得名"小米"。是中国古代的"五谷"之一。《本草纲目》说，小米"治反胃热痢，煮粥食，益丹田，补虚损，开肠胃"。小米不像大米呈酸性，而是一种暖粮，能调节胃的酸碱环境，其营养价值和利用价值很高。含蛋白质11.42%，比大米还高；含粗脂肪4.28%，（优质米）维生素A、B_1分别为0.19毫克/100克、0.63毫克/100克，还含有大量的人体必须的氨基酸和丰富的铁、锌、铜、镁、磷、钙等矿物质，以及对某些化学致癌物质有抵抗作用的维生素E；谷子的维生素B_1健脑，锌促进幼儿发育，硒对动脉硬化、心脏病有医疗作用。是一种很好的营养品，在人民生活水平不断提高的今天，小米以其丰富的营养、良好的口感、医食同源的作用，受到广大消费者的青睐，成为滋补强身、调剂食品的主要粮食品种之一。

好谷子产出好小米，敖汉小米质量上乘，独具特色，小米粒小，色淡黄或深黄，质地较硬，制成品有甜香味，素有"满园米相似，唯我香不同"的美誉，米色清新，品质纯正，营养丰富，属米中之上品。敖汉小米蛋白质含量、脂肪含量均比普通小米高，也高于大米、面粉，人体必需的8种氨基酸含量丰富而比例协调；维生素、矿物质元素的含量亦较丰富。小米熬粥营养丰富，有"代参汤"之美称。常吃敖汉小米，有降血压、防治消化不良、补血健脑、安眠等功效，还有减轻皱纹、色斑、色素沉积等美容的作用；非常适合怀孕期妇女及产后进补食用，是平衡膳食、调节口味的理想食品。

黍的蛋白质含量相当高，一般在12%左右，最高可达14%以上。特别是糯性品种，其含量一般在13.6%左右，最高可达17.9%。淀粉含量70%左右，其中，

糯性品种在67%以上，粳性品种在72%以上。脂肪含量3.6%上下。黍籽粒中人体必需8中氨基酸的含量均高于小麦、大米和玉米，尤其是蛋氨酸，每100克小麦、大米、玉米分别为140毫克、147毫克和149毫克，而黍为299毫克，是小麦、大米和玉米的1倍多。黍中还含有β–胡萝卜素、维生素E和维生素B_1、B_2、B_6，以及丰富的钙、镁、磷、铁、锌、铜等矿物质元素，是很具营养的保健品。

敖汉旗还盛产荞麦。荞麦的丰富营养和医疗保健价值很早就被人们认识，其蛋白质、纤维素、各种维生素和矿物元素含量均高于其他禾谷类粮食作物。特别是荞麦中含有其他粮食没有的维生素P（芦丁），它具有软化血管、保护视力、降低人体血脂和胆固醇的作用，对预防和治疗高血压、心血管病、糖尿病有很好的效果，被誉为"二十一世纪农作物明星"。敖汉人自已则把荞麦视为"家珍"。荞面中所含的苦味素，有清热、降火、健胃之功效。所以，荞面被人们誉为"益寿食品""长寿食品"。荞麦蛋白质中含有丰富的赖氨酸成分，铁、锰、锌等微量元素比一般谷物丰富，而且含有丰富膳食纤维，是一般精制大米的10倍，所以荞麦具有很好的营养保健和食疗作用。荞麦皮常常用来填充枕头的枕心，荞麦皮枕头软硬适度，冬暖夏凉，特别是枕在上面不会"落枕"。《中国药植图鉴》载释："荞麦壳含有大量的芸香苷甙，具有维生素的活性。100%荞麦壳可预防毛洗血管脆弱所诱发的出血症，尤其对偏头疼同痛、颈椎病、失眠患者效果更佳，夏凉冬暖、透气安神、可解除疲劳"。

高粱也是敖汉旗主要的粮食作物，高粱自古就有"五谷之精"的盛誉。高粱的营养成分丰富，主要利用部位有籽粒、米糠、茎秆等。其中籽粒中主要养分含量：粗脂肪3%、粗蛋白8%~11%、粗纤维2%~3%、淀粉65%~70%。高粱籽粒中的蛋白质包含0.28%的赖氨酸、0.11%的蛋氨酸、0.18%的胱氨酸、0.10%的色氨酸、0.37%的精氨酸、0.24%的组氨酸、1.42%的亮氨酸、0.56%的异亮氨酸、0.48%的苯丙氨酸、0.30%的苏氨酸、0.58%的缬氨酸。高粱籽粒中亮氨酸和缬氨酸的含量略高于玉米，而精氨酸的含量又略低于玉米。其他各种氨基酸的含量与玉米大致相等。高粱糠中粗蛋白质含量达10%左右，在鲜高粱酒糟中为9.3%，在鲜高粱醋渣中是8.5%左右。

高粱中含矿物质与维生素，矿物质中钙、磷含量与玉米相当，磷约40％～70％，为植酸磷。维生素中B_1、B_6含量与玉米相同，泛酸、烟酸、生物素含量多于玉米。高粱的籽粒和茎叶中都含有一定数量的胡萝卜素，尤其是作青饲或青贮时含量较高。高粱味甘性温，食疗价值相当高。中医认为，高粱性平味甘、涩、温、无毒，能和胃、健脾、止泻，有固涩肠胃、抑制呕吐、益脾温中、催治难产等功能，可以用来治疗食积、消化不良、湿热、下沥、小便不利、妇女倒经、胎产不下等。在中国，高粱还是酿酒的重要原料，茅台、泸州特曲、竹叶青等名酒都是以高粱籽粒为主要原料酿造的。

几种主要粮食8种必需氨基酸含量比较（毫克/100克）

粮食	粗脂肪(%)	蛋氨酸	色氨酸	赖氨酸	苏氨酸	苯丙氨酸	异亮氨酸	亮氨酸	缬氨酸
小米	4.6	301	184	182	338	510	405	1 205	499
大米	1.3	147	145	286	277	394	258	512	481
玉米		149	78	256	257	407	308	981	428
小麦粉	1.8	140	135	280	309	514	403	768	514
高粱米		253	–	233	337	661	463	1 520	567

敖汉旗四色小米和黍的营养成分

	黄小米	白小米	黑米	绿米	黍
蛋白质（克/100克）	9	9.7	9.7	12.8	13.6
脂肪（克/100克）	3.1	1.7	3.5	–	2.7
淀粉（克/100克）	–	–	72–76	–	–
碳水化合物（克/100克）	–	76.1	–	–	67.6
膳食纤维（克/100克）	1.6	–	–	–	3.5
氨基酸（毫克/100克）	–	–	–	300	–
维生素A（微克/100克）	17	–	–	–	–
胡萝卜素（微克/100克）	100	120	190	–	–

续表

	黄小米	白小米	黑米	绿米	黍
维生素B₁（毫克/100克）	0.33	–	0.57	–	0.3
维生素B₂（毫克/100克）	0.1	–	1.12	–	0.09
维生素E（毫克/100克）	3.63	–	–	–	1.79
钾（毫克/100克）	–	–	–	–	201
钠（毫克/100克）	–	–	–	–	1.7
铁（毫克/100克）	5.1	–	4.7~7.8	–	5.7
锌（毫克/100克）	–	25	25	–	3.05
碘（毫克/100克）	–	8	–	–	–
钙（毫克/100克）	–	–	29	–	30
镁（毫克/100克）	–	–	93.1	–	116
锰（毫克/100克）	–	–	9.5	–	1.5
铜（毫克/100克）	–	–	5.5	–	0.57
磷（毫克/100克）	–	–	240	–	244
硒（微克/100克）	–	–	45	–	2.31

三

生态服务之多样

翠蓝的天空，微醺的阳光，流逸的云团，徜徉的鸟群，澄澈的清风，网格化的农田，演绎了敖汉旗"世界小米之乡"的精彩。独特的地理自然环境与持之以恒的生态建设，赋予了敖汉旱作农业系统多样的生态服务，丰富的生物多样性、多彩的农业景观、高效的水土保持和防风固沙能力、突出的耐旱节水生态适应性，无不彰显着敖汉旱作农业系统的独树一帜。

（一）丰富的生物多样性

敖汉旗位于西辽河上游南部黄土台地、黄土丘陵区，是由沙地向丘陵过渡的农牧交错区。从自然地理的角度来分析，这一地区地貌类型多样，生境复杂，具有较高的生物多样性。区域内丰富的动植物资源，既可以满足人们的生活需要，又为植物、动物的驯化提供了种类丰富的生物基因库。

❶ 农业生物多样性

敖汉旗是典型的旱作农业区，农作物品种丰富多样，以粟和黍为代表的旱作农业生态系统在生物多样性方面有着其独特性与不可替代性，其中敖汉旗境内栽培的粟和黍，属于兴隆沟粟和黍的古老品种遗存，具有8 000多年的历史。

粟（敖汉旗农业局/提供）

（1）粟

粟（拉丁名*Setaria italic*（L.）Beauv. 英文名foxtail millet），中国古称稷或粟，在中国北方俗称谷子或小米。我国是世界第一大粟主产国，产量占世界的80%

左右，出口占世界粟贸易量的90%。粟是我国北方地区主要粮食作物之一，其种植面积占全国粮食作物种植面积的5%左右，占北方粮食作物种植面积的10%~15%，在一些丘陵山区面积更大，占粮田面积的30%~40%，仅次于小麦、玉米，它是调剂城乡人民生活和发展畜牧业不可缺少的作物，在农业生产中占有重要地位。

谷子品种之十百香（徐峰/摄）

粟主要分布在我国北方的干旱和半干旱地区，经过长期的自然选择和栽培驯化，它的形态结构和生理特性已适应了干旱和半干旱条件，具有耐旱、节水、耐瘠、耐盐碱、耐储藏、播期可缩性强、抗逆性强，适应性广等生理特点。同时它营养丰富，口感很好，具有很好的商品性和经济价值，对国民经济发展起到了巨大的推动作用。所以粟是旱作农业中不可多得的作物。

谷子品种之兔子嘴小白米（徐峰/摄）

粟品种繁多，颜色多样。俗称"粟有五彩"，有白、红、黄、黑、橙、紫各

谷子品种之二百谷（徐峰/摄）

种颜色的小米，还有黏性小米。敖汉旗的小米主要分布在南部山区，谷子农家品种主要有齐头白、五尺高、二白谷、独杆紧、叉子红、花花太岁、绳子紧、兔子嘴、长脖雁、金镶玉、老来白、老虎尾等50多种。不同品种都有其独特的生物学特性和重要的遗传资源价值。比如：齐头白品种幼苗绿色，叶较上冲，穗长21厘米，穗呈圆筒形，紧码，出米率高，米质佳，抗粟瘟病，易感白发病，抗旱、抗倒伏，一般亩产150~200千克，适于上等水浇地种植；五尺高品种青苗，株高155~185厘米，穗长26~31厘米，穗呈纺锤形，中紧码，黄谷、黄米，千粒重3.3

谷子品种之大红谷（敖汉旗农业局/提供）

克，生育期130~140天，抗病、喜肥、耐水，一般亩产200千克左右，适于肥力较好的平地及洼地种植；二白谷品种青苗，株高100~134厘米，穗长23.1厘米，穗呈圆柱形，白谷，黄米，米质好，千粒重3.4克，生育日数125~130，喜水、耐肥，抗旱、搞涝、不抗风，易落粒，易感粟病，一般亩产150~200千克，适于水肥条件好的地块种植；独杆紧品种绿苗，叶较上冲，很少分蘖，株高123厘米，穗长25厘米，穗呈长纺锤形，紧码、黄谷、黄米，千粒重3.9克，抗旱、抗倒伏，易感粟瘟病，一般亩产150~200千克，适于较好的旱地平地、山根地种植。

（2）黍

黍（也称糜黍，拉丁名*Panicum miliaceum* L.，英文名broomcorn millet）是禾本科黍属的一类种子形小的饲料作物和谷物，在中国北方俗称糜子。一年生草本植物，植株叫黍子，生长期短，耐寒耐旱耐贫瘠；籽实叫黍，淡黄色；磨米去皮后称黍米，俗称大黄米，为黄色小圆颗粒，直径大于小米；黍米再磨成面，俗称黄米面。黍的籽粒有粳性与糯性之分。《本草纲目》称黏者为黍，不黏者为稷；民间又将黏的称黍，不黏的称糜。粳性黍为非糯质，不黏，一般供食用。糯性黍为糯质，性黏，磨米去皮后称作大黄米或软黄米，用途广泛，可磨面作糕点，古代也广泛用于酿酒。黍是我国北方干旱半干旱地区主要制米作物之一，其生育期短，耐旱、耐瘠薄，和粟一样是旱作农业中不可多得的作物。

黍的农家品种也很多，散穗型的有大粒黄、大支黄；侧穗型的有大白黍、小白黍；比较高产的是密穗型的疙瘩黍、高粱黍（又称千斤黍）和庄河黍。

不同品种都有其独特的生物学特性和重要的遗传资源价值。比如：大黄黍品种株高170厘米，穗长35厘米，黄粒，米质好，黏性大，千粒重7.0克，生育日数125天，喜肥耐碱，较抗黑穗病，怕涝，一般亩产100~125千克；大白黍品种株高150厘米，分蘖力强，红谷，黄米，粒大，生育期125天，抗旱耐瘠，耐盐碱，一般亩产55~100千克；高粱黍品种株高100厘米，穗长15厘米，穗呈笊篱头形，黄谷，粒大，分蘖力强，生育日数95天，喜水耐肥，适应性广，一般亩产75千克左右。

（3）荞麦

荞麦（也称花荞、甜荞、荞子，拉丁名*Fagopyrum esculentum* Moench，英文名Buckwheat）是蓼科荞麦属的一种淡绿色或红褐色的植物或谷物。一年生草本植物，是秋季主要蜜源植物。植株也叫荞麦，茎直立，多分枝，叶互生，下部叶有长柄，上部叶近无柄或抱茎。叶

黍（敖汉旗农业局/提供）

黍子品种之大红黍
（敖汉旗农业局/提供）

黍子品种之大白黍
（敖汉旗农业局/提供）

三瓦黑屋住胖娃，

沙窝薄地乐安家。

伏前播种发新绿，

暑后浮云泛玉花。

长富蜜源勤蜂喜，

丰全营养膳师夸。

康身爽胃犹拨面，

益睡安眠谁比它。

（作者不详）

荞麦花开美如雪（敖汉旗农业局/提供）

小粒荞麦（徐峰/摄）

片近三角形，全缘。总状或圆锥状花序，顶生或腋生，花白色或粉红色。瘦果，卵形，有三锐棱。荞麦喜凉爽湿润，不耐高温旱风，畏霜冻。荞麦是短日性、需水较多作物，需水量比黍多两倍，比小麦多一倍。荞麦含有丰富的食用价值，种子含有大量淀粉，可供食用。具有良好的适口性，可做面条、饸饹、凉粉、扒糕、烙饼、蒸饺和荞麦米饭，还可以做挂面、灌肠、麦片与各种高级糕点和糖果。

敖汉旗的荞麦是引进品种，按品种分类可分为大粒和小粒，主要有小粒荞麦、黎麻道、蕴莎等。

（4）高粱

高粱（拉丁名 *Sorghum bicolor*（L.）Moench，英文名 Sorghum）是禾本科高粱属的一种经济作物。一年生草本植物，秆实心，中心有髓。分蘖或分枝。它的叶和玉米相似，但厚而窄，被蜡粉，平滑，中脉呈白色。花序呈圆锥形，穗形有带状和锤状两类。颖果呈褐、橙、白或淡黄等色。种子卵圆形，微扁，质黏或不黏。高粱性喜温暖，并有一定的耐高温特性，属于短日照作物。此外，高粱抗旱、抗涝、耐盐碱、耐瘠薄。

高粱按性状及用途可分为食用高粱、糖用高粱、帚用高粱等类。食用高粱谷粒供食用、酿酒；糖用高粱的秆可制糖浆或生食。高粱具有良好的食疗价值，高粱籽粒加工后即成为高粱米，在我国、朝鲜、前苏联、印度及非洲等地皆为食粮。食用方法主要是做成米饭或磨制成粉后再做成其他各种食品，比如面条、面鱼、面卷、煎饼、蒸糕、黏糕等。除食用外，高粱可制淀粉、制糖、酿酒和制酒精等。

敖汉旗高粱的品种很多，主栽品种为当地自己培育的杂交品种，敖杂1号和敖杂2号，此外，还有一些当地农家品种，如大青米、关东青、大白高粱、小青米、大红粱以及黏高粱等。

此外，在敖汉旗栽培的其他作物还有：玉米、小麦、大麦等其他粮食作物；黄豆、黑豆、青豆、豌豆、蚕豆、豇豆、小豆、绿豆、芸豆等豆类作物；花生、油菜籽、芝麻、向日葵、蓖麻、胡麻、烟草、黑瓜子等经济作物；萝卜、白菜等蔬菜，以及苹果、梨等瓜果。

高粱（敖汉旗农业局/提供）

敖汉旗境内的农作物品种

作物	品种	生育期（天）	品种类型	作物	品种	生育期（天）	品种类型
粟	大青苗	130~135	传统品种	玉米	通辽黄马牙	125	引进品种
	八沟道	120~125	传统品种		大金顶	125	引进品种
	大白毛	139	传统品种		黄八趟	110~115	传统品种
	干尖	115~120	传统品种		大直棒子	118	传统品种
	二青苗	125~130	传统品种		白八趟	110	传统品种
	青苗刀把齐	125	传统品种		四单八	135	杂交种，20世纪80年代推广品种
	红苗刀把齐	105	传统品种		吉双4号	120	杂交种，20世纪70年代推广品种
	齐头白	120	传统品种		吉双101	120	杂交种，20世纪60年代推广品种
	老来变	125	传统品种	高粱	黄罗伞	125	引进品种
	压破车	120~130	传统品种		大青米	125	传统品种
	绳头紧	115	传统品种		紧码黄	125	传统品种
	佛手笨	110~120	传统品种		关东青	120~130	传统品种
	快发财	124~130	传统品种		大白高粱	125	传统品种
	大红苗	125	传统品种		小青米	110~120	传统品种
	大白谷	130	传统品种		薄地高	125	传统品种
	二白谷	130	传统品种		小白色	120	传统品种
	薄地高	125~130	传统品种		大黄壳	120~125	传统品种
	大粒红	125~130	传统品种		黑窝大	120	传统品种
	六十天还仓	80	传统品种		大红梁	122	传统品种
	红苗小白米	110~120	传统品种		大蛇眼	118~125	传统品种

续表

作物	品种	生育期（天）	品种类型	作物	品种	生育期（天）	品种类型
粟	黑沙滩	90~100	传统品种	高粱	打锣锤	110~115	传统品种
	红苗硃砂	130	传统品种		歪脖子张	105~110	传统品种
	青苗硃砂	130	传统品种		八叶齐	103~110	传统品种
	佛手黏谷	110~120	传统品种		粘高粱	110	传统品种
	金坠子	90~110	引进品种		内杂4号（敖杂1号）	120	杂交种，20世纪80年代推广品种
	棒子混	110	引进品种		敖杂2号	120	杂交种，20世纪80年代推广品种
	昭谷二号	125	引进品种		敖杂3号	120	杂交种，20世纪80年代推广品种
	昭谷二号	130	引进品种		敖杂4号	120	杂交种，20世纪80年代推广品种
	陕西白粘谷	134	引进品种	黍子	黍谷	80~90	传统品种
	大野谷	130~135	引进品种		杨六半小白黍	100	传统品种
糜子	小黄糜子	80~90	传统品种		大白黍	110	传统品种
	红糜子	80~85	传统品种		大红黍	125	传统品种
黑豆	大粒黑豆	120~130	传统品种		高粱黍	90~100	传统品种
	小粒黑豆	110~120	传统品种		大黄黍	120	传统品种
青豆	小青豆	120	传统品种	水稻	弥荣	120~180	引进品种
豌豆	白豌豆	110~120	传统品种		小红芒	110	引进品种
蚕豆	当地蚕豆	100	传统品种	小麦	甘肃96	100~110	引进品种
豇豆	豇大豆	125~130	传统品种		辽25-3	100	引进品种

续表

作物	品种	生育期（天）	品种类型	作物	品种	生育期（天）	品种类型
豇豆	花豇豆	80~90	传统品种	荞麦	小粒	85	引进品种
	红豇豆	90~120	传统品种		大粒	80~90	引进品种
小豆	红小豆	90~110	传统品种	黄豆	满仓金	120~125	引进品种
	花小豆	90~110	传统品种		荆山扑	120	引进品种
绿豆	白小豆	100~110	传统品种		集体5号吉林12	135	引进品种
绿豆	大绿豆	80~90	传统品种	黄豆	大白脐	110~120	传统品种
	小绿豆	80~90	传统品种		大黑脐	120~130	传统品种
芸豆	红芸豆	120~125	传统品种	蓖麻	刺蓖麻	130	传统品种
	小黄芸豆	70	传统品种		无刺蓖麻	120	传统品种
芝麻	霸王鞭	110	传统品种	烟草	小奎花烟	110	传统品种
向日葵	八筒白	110	传统品种		大奎花烟	125	传统品种
	派列多维克	100	引进品种	黑瓜子	顶心白	100	传统品种
	三道眉	115~125	传统品种		一窝蜂	100	引进品种
胡麻	当地胡麻	100~110	传统品种				

农业生物多样性（敖汉旗农业局/提供）

❷ 相关生物多样性

敖汉旗的野生植物有被子植物类、蕨类和裸子类、苔藓类、地衣类、菌类、藻类，组成了庞大繁杂的自然生态系统。其中裸子植物主要有油松、侧柏、麻黄等；被子植物达88科713种，主要有山杨、旱柳、胡桃楸、榛、蒙古栎、北五味子、山杏、山楂、秋子梨、小叶锦鸡儿、甘草、达乌里胡枝子、远志、沙棘、罗布麻、黄芩、党参、北苍术、苣荬菜、知母、黄花菜、山丹等。

牧草主要有虎榛子、线秀菊、紫丁香、达乌里胡枝子、山竹子等。近年来，人工种草发展很快，小叶锦鸡儿、沙打旺、草木樨、敖汉苜蓿等在各地均有大面积种植。

野兽主要有狐、狍、蒙古兔、沙鼠、刺猬等，鸟类有环颈鸡、鹌鹑、大鸨、石鸡、草原、麻雀、百灵鸟、蝙蝠、雉鸡、鹌鹑、大鸨、石鸡、绿头鸭等，鱼类有鲤鱼、鲫鱼、雅罗鱼等。

敖汉旗境内的大黑山自然保护区是一个以保护草原、森林、湿地、地址

希望田野（张民/摄）

多彩田野（骆驼/摄）

田园梦幻（刘爱民/摄）

遗迹景观等多样生态系统及珍稀野生动植物栖息地，和西辽河水源涵养地为主要对象的丘陵山地综合性自然保护区。由于其特殊的地理位置及自然条件，形成了多样的生态系统，包括：山地森林生态系统、草原生态系统、湿地生态系统、农田生态系统、人工林生态系统。保护区内有6种植被类型，14个群系，主要有草原、森林、灌丛植被、半灌丛植被、草甸植被，包含野生高等植物600余种，其中国家级保护植物3种，国家级保护药用植物7种。该保护区内有鸟类16目41科81属142种，其中国际受胁鸟1种、国家一级保护鸟类金雕1种、二级保护鸟类鸢、雀鹰、红脚隼、黄爪隼等21种；哺乳动物6目13科29种，其中黄羊为国家二级保护动物，目前有30~40只；昆虫类7目30属158种；此外，还有两栖类、爬行类动物等。在这些野生动物中，有22种鸟类被列入《中国生物多样性保护行动计划》鸟类物种多样性保护优先序列，1种哺乳动物被列入《中国生物多样性保护行动计划》哺乳动物优先保护序列。

相关生物多样性——大黑山自然保护区（敖汉旗委宣传部/提供）

（二）耐旱的生态适应性

　　作物的生态适应性是在长期自然选择和人工诱导双重作用下形成的，不同作物种类，同一作物的不同品种，甚至同一品种不同生育期，在不同的生态环境下，经过长期的适应、演化，形成了各自的生态特性。

❶ 谷子的生态适应性

　　谷子属禾本科黍族狗尾草属中的一个栽培种，其生态适应性特点如下：

　　（1）喜温：谷子是喜温作物，生育期间要求积温1 600~3 000℃，夏播早熟品种要求积温较少，春播晚熟品种要求积温较多。谷子在不同生育阶段所需温度也有所差异，种子发芽最低温度7~8℃，最适温度15~25℃，最高温度30℃；苗期不能忍受1~2℃低温；茎叶生长适宜温度22~26℃，灌浆期为20~22℃，地温低于15℃或高于23℃对灌浆不利。

　　（2）耐旱：谷子是比较耐旱的作物，蒸腾系数142~271，低于高粱、玉米、小麦。苗期耐旱性极强，能忍受暂时的严重干旱，需水量仅占全生育期需水量的1.5％。拔苗至抽穗需水量最多，占全生育期需水量的50％~70％。此期是获得大穗多花的关键时期，缺水会造成"胎里旱"和"卡脖旱"，减少小花小穗数目，产生大量空秕谷。开花灌浆期要求天气晴朗，土壤湿润，土壤含水量以

谷子（敖汉旗农业局/提供）

占田间持水量的70%~80%为宜，干旱或阴雨会影响灌浆。

（3）喜光：谷子为短日照作物，日照缩短，促进发育提早抽穗；日照延长，延缓发育抽穗。一般出苗后5~7天进入光照阶段，在8~10小时的短日照条件下，经过10天即可完成光照阶段，不同品种对日照反应不同，一般春播品种比夏播品种反应敏感。此外，谷子是C_4作物，CO_2净光合速率较高，一般为25~26毫克/（公顷·小时），高于小麦。

（4）耐瘠薄：谷子适应性广，耐瘠薄，对土壤要求不甚严格，黏土、沙土都可种植。但以土层深厚，结构良好，有机质含量丰富的沙质壤土或黏质壤土最为适宜。喜高温干燥、怕涝。

❷ 糜子的生态适应性

糜子属禾本科黍属一年生草本，是世界上最古老的具有早熟、耐瘠和耐旱特性的粮食和饲料作物。糜子的生态适应性特点如下：

（1）耐干旱：糜子是禾谷类作物中耐旱性最强的作物之一，对干旱具有多方面的适应性。糜子根茎叶的形态结构近似旱生植物，如叶面气孔小，根茎疏导组织发达，茎围管束排列为3圈，茎叶表面着生浓密的茸毛，种子根生长迅速等。糜子的蒸腾系数为151~341，是禾谷类作物中最低的，说明糜子是用水经济的作物。此外，糜子品种的属性多种多样，能够适应不同的干旱条件。有专家总结了糜子的抗旱性特点：生长发育对干旱的适应性，即在干旱条件下生长发育迟缓，地上部与地下部干重比下降，从而减少蒸发；受旱后的光合强度相对较高，明显高于谷子；受旱后过氧化氢酶活性较低，代谢缓慢，消耗

糜子（敖汉旗农业局/提供）

减少；干旱条件下籽粒产量减少幅度较小，若以田间持水量70%时的产量为100，严重干旱即土壤田间持水量40%时，糜子产量为84.5，谷子为61.5；遇旱后蒸腾效率高，严重干旱时糜子的蒸腾效率为7.03~9.36（籽粒）克/千克（水），谷子为2.65~4.62克/千克；极端干旱时还能结籽，即当土壤湿度为田间持水量的30%时，玉米、谷子死亡，高粱虽能抽穗但不结实，只有糜子能够结实。

（2）喜温耐热：糜子是喜温作物，全生育期需活动积温1 100~2 600℃，发芽最低温度8~10℃，最适温度20~30℃，最高温度35~40℃。开花期最适温度24~30℃。糜子具有较强的耐热性，能忍耐42℃的高温，但对低温反应敏感。幼苗-2~3℃时严重受冻甚至死亡，抽穗至成熟温度低于16~19℃会延迟成熟，造成缺粒空秕。

（3）短日照：每天12~14小时日照对糜子的生长最为有利，日照延长，推迟成熟，日照缩短，加速发育。由于糜子对日照反应敏感，引种时应注意选择。此外，糜子是C_4作物，喜较强的光照，长时间的阴雨会降低结实率，强光有利于产量形成。

（4）耐盐碱贫瘠：糜子对土壤的适应性很强，除低洼易涝地外，从砂土到黏土均可种植，常被作为开荒的先锋作物，在土壤干旱瘠薄的条件下也可获得一定的产量。糜子耐盐碱能力强，土壤含盐量小于0.35%、氯离子小于0.06%时仍能正常生长，有些抗盐品种甚至在全盐量0.5%~0.7%时还能正常生长。

❸ 荞麦的生态适应性

荞麦属蓼科荞麦属，一年生草本，是重要的填闲、备荒作物，也是重要的饲料、绿肥和蜜源作物。荞麦的生态适应性特点如下：

（1）喜温：荞麦不耐高温旱风，畏霜冻。生育期间要求≥0℃以上积温1 000~1 500℃，种子萌发的最适温度为15~20℃，低于8℃或高于30℃对萌发不利。幼苗生长期要求平均气温在16℃以上，-3~4℃植株全部冻死。开花结实

期最适温度为18~25℃，低于15℃或高于30℃的高温干燥天气均不利于授粉和结实。

（2）日中性：荞麦在短日照和长日照条件下都能开花结实。幼苗期缩短日照可明显促进生殖生长，提早开花结实，但茎叶生长缓慢，分枝和花序减少。不同品种对日照长度的反应不同。原产于低纬度、低海拔地区的品种，对短日照反应迟钝。

（3）喜湿：荞麦的蒸腾系数为450~630，高于小麦、大麦和玉米。但在不同生育时期对水分的需要量不同，苗期需水较少，种子需水量达自身重量的35%~40%即可萌发。幼苗期比较耐旱，需水量占全生育期耗水量的11%。现蕾开花期需水量较大，占总耗水量的50%~60%，田间持水量达75%~80%时才可满足水分需要。开花结实期需水量约占总耗水量的25%~35%，干旱易引起落花落粒，千粒重下降。

（4）生长发育快：荞麦在生育期间对营养元素的消耗较多，每生产100千克籽粒需要吸收N 7.4千克，P_2O_5 3.5千克，K_2O 10.2千克。荞麦根系有很高的生理活性，能够吸收土壤中难溶的磷酸化合物，这是荞麦耐瘠薄的主要原因。荞麦对土壤要求不严格，除碱性较强的土壤外，其他土壤都可种植，但以土壤疏松、富含养分的壤土或沙壤土最为适宜。

荞麦（敖汉旗农业局/提供）

❹ 高粱的生态适应性

　　高粱是禾本科高粱属中的一个栽培种，一年生草本，是我国重要的粮食和饲料作物。高粱的生态适应性特点如下：

　　（1）喜高温：生育期最适温度为20~34℃。种子萌发的最低温度一般为8~10℃，最适温度为20~30℃，播种后连续低温（<10℃）易造成烂种，拔节至抽穗以25~30℃为宜。高粱的大部分品种在抽随后3~5天开始开花，开花是整个生育期中要求温度最高的时期。在26~30℃的条件下对开花有利，开花集中。

　　（2）抗旱耐涝：高粱抗逆性强，既抗旱又耐涝，蒸腾系数为204~380，高粱根系数量多，吸收力强，内皮层有硅质沉淀使根坚韧，能承受土壤缺水引起的收缩压力，抗旱性强；生育中后期根的皮层薄壁细胞大量解体，形成通气组织，抗涝性强。茎秆和叶片角质化程度高，并覆盖有蜡质层组织水分散失；严重干旱时气孔关闭，叶片向内卷曲，代谢接近停止，呈休眠状态，一旦遇到水又能恢复生长。高粱还能忍受大气干旱和高温，在40℃的高温条件下仍具光合能力。

　　（3）喜光：高粱属典型的C_4作物，光呼吸低，光合效率高，强光对生长发育极为有利，即使在100 000勒克斯的自然强光下也看不到光饱和现象。

　　（4）耐盐碱：高粱对土壤的要求不严格，具有较强的耐盐碱能力。当土壤含盐量在0.3%以下时发芽不受影响，孕穗后土壤含盐量在0.5%时仍可正常生长发育。

敖杂高粱（敖汉旗自主培育品种，敖汉旗农业局/提供）

（三）典范的防风固沙能力

敖汉旗位于科尔沁沙地南缘，燕山山地向松辽平原过渡地带，属典型的半干旱大陆性季风气候，是京津地区和环渤海经济圈重要生态屏障。解放初期，大自然留给敖汉人的是"遍地黄沙随风滚，满目荒凉草木稀"的不毛之地。从南往北，依次呈现三种地貌。南部山区山体破碎，"十年九旱，一年不旱，洪水泛滥"；中部丘陵流水切割，"天降二指雨，沟起一丈洪"；北部沙地风沙肆虐，"人迷眼，马失蹄，白天点灯不稀奇"。

为了改变恶劣的环境，敖汉人民坚持植树造林以抵御漫天狂沙，他们以艰苦卓绝的毅力，创造了一个又一个绿色奇迹。截至2013年末，敖汉旗森林覆盖率达到43.5%，初步建立了乔灌草、片网带相结合的防护林体系，土地荒漠化和水土流失

农田防护林网（敖汉旗林业局/提供）

黄沙锁定碧野春（齐广民/摄）

农田防护林（敖汉旗农业局/提供）

防护林带（敖汉旗林业局/提供）

人工造林（敖汉旗林业局/提供）

得到有效遏制。经过多年治理，流动沙地已由1975年的57万亩减少到现在的5.22万亩，半流动沙地由171万亩减少到8.79万亩，固定沙地则由31万亩增加到98.87万亩，有100万亩农田、150万亩草牧场实现了林网化，基本实现了水不下山、土不出川。敖汉现有的主要林木品种有杨树、山杏、沙棘、黄柳、条桑、沙松、油松、樟子松、落叶松等十几个品种，这些木林木品种普遍具有抗旱、耐沙埋、抗风蚀等特点，具有防风治沙的生态保护作用，成为我国防风固沙的典范。2002年敖汉旗被联合国授予生态建设"全球环境500佳"的荣誉称号，良好的生态环境不仅起到了防风固沙的功能，也有力地促进了敖汉杂粮的发展。

"全球环境500佳"证书
（敖汉旗林业局/提供）

（四）　高效的水土保持能力

　　敖汉旗地貌2/3为山地，1/3为平原。大部分山区为土石山，少部分为黄土丘陵。区域地貌由于地形的南北分异，形成2种土壤侵蚀类型分区。敖汉旗南部降雨量大于北部区，是较典型的水蚀区，中部为河流冲洪积平原，北部以老哈河为轴线，两岸分布有风沙地，为风蚀区。20世纪70年代，这里每年流失表土近2 000万吨。到了20世纪80年代初，水土流失面积近1 000万亩，是赤峰市总水土流失面积的1/4。专家测定，每年流走的悬移质达2 937万吨，相当于50厘米厚表土的耕地8.8万亩。严重的土地大失血，使先天营养不良的贫瘠山村愈加羸弱，农业生产受到严重威胁。

　　敖汉人民几十年自力更生，艰苦奋斗，付出几代人的汗水、智慧乃至生命控制水土流失，大力开展了以植树造林和整修梯田为主要内容的生态建设，极大地改善了农业生产条件，为优质农产品的生产提供了环境支持，也为杂粮的发展创造了良好的机遇。有资料显示，敖汉旗1987年水土流失面积占全旗总面积94%，而且以中度侵蚀以上占的比例较大，占总侵蚀面积的60%以上。从1987年到1995年，水力侵蚀中强度和极强度侵蚀面下降200%以上。水蚀面积从1995—2000年间又减少了305平方千米。因为水土保持成就显著，敖汉旗荣获了"全国生态建设示范区""全国人工造林第一县""全国再造秀美山川先进旗""国家级林业科技示范县""全国人工种草第一县""全国粮食生产先进县"等称号。

三十二连山治理工程（敖汉旗委宣传部/提供）

（五）　多彩的农业景观

　　敖汉旗处于典型的农牧交错带，其地形复杂，地貌多种多样，包括水体（0.2%）、冲积平原（6.7%）、沟谷（24%）、黄土台地（27.9%）、丘陵（24.3%）、低山（4.5%）、洪积平原（3.5%）和沙地（8.9%）等，多样的地貌造就了敖汉旗优美的农业景观。

风光无限——敖汉旗（韩殿琮/摄）

❶ 农林牧复合景观

敖汉旗是农、林、牧三大产业的耦合地带，南部为低山丘陵区，中部为黄土丘陵区，北部为沙漠平原区，这样的地貌类型为农、林、牧三大产业的发展提供了有利的条件，坡坡岭岭、沟沟坎坎，形成了敖汉旗独特的农林牧复合景观，为农作物的生长和质量起到了良好的保障作用。

敖汉旗农林牧复合系统
（敖汉旗委宣传部/提供）

乡村秋韵（刘爱民/摄）

原野牧歌（于海永/摄）

❷ 旱作梯田景观

敖汉旗旱作梯田（张振远/摄）

关于敖汉旱作梯田景观很早就有记载，曾先后两次（公元1068年和公元1077年）出使辽国的苏颂在《使辽诗》中多处提到辽国的农牧业情况，如："居人处处营耕牧"，"田塍开垦随高下"等。最典型的要数《牛山道中》一诗："农人耕凿遍奚疆，部落连山复枕冈。种粟一收饶地力，开门东向杂夷方。田畴高下如棋布，牛马纵横似谷量。赋役百端闲日少，可怜生事甚茫茫。"这是一种特殊的旱地梯田方式。而在其技术方面，受到中原农耕技术的影响，并加以发挥创造出特殊的农耕方式：垄作和梯田。1012年冬天，出使到辽国的宋人王曾在回国以后报告契丹的见闻时提到："所种皆从垄上，盖虞吹沙所壅。"这是对自战国以来，"上田弃亩，下亩弃畎"的利用；用以应对当地干旱，但风沙严重的自然环境。

丰收画卷（刘爱民/摄）

③ 多样性农作复合景观

敖汉旗地处欧亚草原区亚洲中部亚区，地带性植被以草原为主。由于地形、气候和人类经济活动的影响，从南到北植被类型具有明显差异，依次发育着低山丘陵森林草原、黄土丘陵干草原和沙地杂草类草原，通常在敖汉旗的旱作农业系统中，粟和黍与豆类、高粱、玉米等间作套种或者换茬种植，具有较强的水旱适应能力，多种类型轮作，提高了粮食的安全性，同时也增加了景观的色彩。

多样作物套种（敖汉旗委宣传部/提供）

田野铺锦缎（齐广民/摄）

大地彩锦（胡江/摄）

坡地有机杂粮种植基地
（敖汉旗农业局/提供）

（六）　突出的农业节水性

敖汉旱作农业系统长期以来为了适应当地干旱少雨的气候条件，形成了一系列的传统农业节水技术，为区域传统农业的可持续发展提供了保障。

（1）隔沟交替灌溉，是每次只灌作物根系的一侧，交替进行，这样不仅可以控制田间超量灌溉的渗漏损失，而且通过部分根区干湿交替，可使干根区产生根源信号控制蒸发，湿根区吸收水分，能增加侧向扩散，避免深层渗漏，减少水肥损失。

（2）在干旱地区和缺墒季节，采用"以松代耕""以旋代耕""高留茬免耕套播"等方式，可以增加水分入渗深度和蓄水保墒能力，减少水分流失（跑墒），节约用水。

（3）在耕地表面覆盖塑料薄膜可以抑制土壤蒸发，减少地表径流，蓄水保墒，提高地温，培肥地力，改善土壤物理性状。因此起到蓄水保墒、提高水的利用率，促进作物增产的良好效果。地膜覆盖一般可节水15%~20%，增产10%~20%。

（七）　全面的肥力保持能力

为了保持土壤肥力，敖汉旱作农业系统长期以来全面利用作物植株，有效缓解了区域农田土壤的贫瘠化。

（1）谷子是粮草兼用的高效作物，在提供食物多样化与缓解种植业与畜牧业争地的矛盾中，谷子有其他作物不可替代的重要地位。

（2）作物收获之后，农民将秸秆直接还田，秸秆铡碎后与水土混合，土堆沤发酵腐熟，均匀地施于土壤中。

（3）秸秆过腹还田，即二级转化，是将秸秆作为饲料，经过动物利用后，排出粪便用于还田。过腹还田不仅提高了秸秆还田的利用效率，而且避免了秸秆直接还田的一些弊病，尤其是调整了施入农田有机质的碳氮比率，有利于有机质在土壤中转化和作物对土壤中有效态氮的吸收。

（八）有效的病虫害防治

敖汉旗的旱作农业耕种中主要采取施用农家肥、轮作和间作套种方式来控制病虫害。

轮作是实行耗地作物与养地作物相结合的科学轮作制度，如黍–马铃薯–谷–豆–黍的轮作方式，使得黍的种植四年轮作一次。逐渐提高土壤肥力，降解病虫草害，实现土壤营养的良性循环，持续增产。谷子不宜重茬，连作病害严重，杂草多，还会大量消耗土壤中同一营养要素，致使土壤养分失调。在种植上一定要选好地块和茬口，农谚有"谷后谷、坐着哭"之说，因此，必须进行合理轮作倒茬，以调节土壤养分，恢复地力，减少病、虫及杂草的危害。谷子较为适宜的前茬作物有豆类、马铃薯、麦类、玉米等。隔年或隔几年后交替种植，尤其是半耕、免耕覆盖田几年后要秋深耕一次，再重新开始覆盖耕作，以解决土壤养分上下不均、耕作层变薄以及病虫害寄生等问题。同时，间作套种的方式也起到了控制病虫害的作用。由于玉米秸秆的遮阴，降低了杂草的发芽率和生长势，减少了其生长量，抑制杂草率可达80%。杂草的抑制相对减少了病虫的寄生源，从而减轻了某些农作物病虫害。尤其是二元覆盖，其杂草与病虫害更少更轻。

四

传统文化之丰富

在敖汉旗长期的农业耕作实践中，原始的民间文化经过数千年的沉淀，逐步形成了歌谣、节令、习俗、耕技等丰富多彩的具有地方特色的旱作农业文化，并世代传承。这些传统农业文化，一方面指导了农业生产，同时也丰富了人民的精神生活，并伴随着社会的发展，成为社会稳定、文化发展的原动力。

敖汉旗农耕文化丰富多彩。从远古的祭祀活动，到近代的祈福习俗，无不和农耕文化有着密切的联系。流传在敖汉旗境内的庙会、祭天、祭火、祭敖包、祭星、祈雨、撒灯以及民间的扭秧歌、踩高跷、唱大戏、呼图格沁（蒙古族傩剧）、跑黄河等活动大都是为了祈求一年风调雨顺、五谷丰登和庆祝丰收。人们在未能了解自然和顺应自然的前提下，把一切未来希望寄托于天地神灵，以这些活动来祈求如意和平安。

祭火（敖汉旗文体局/提供）

舞龙（敖汉旗委宣传部/提供）

踩高跷（敖汉旗委宣传部/提供）

（一） 祭星为代表的独特民俗

❶ 蒙古祭星

正月初八祭星是敖汉旗蒙古族人所独有的祭祀风尚，此风尚至今在四家子镇牛汐河屯仍有保留。

《敖汉旗志》记载："蒙古人正月初八拜星，以示祈求福星高照"。清乾隆年间，为重修青城寺，乾隆皇帝送镇寺之宝——魅星石，为了纪念此事，每年正月初八进行祭祀，是为渊源。每逢正月初八，百姓会集于"青城寺"前祭星，"祭星"仪式之前，僧人要面塑十二生肖像，由大喇嘛吩咐小喇嘛将手洗干净，把芝麻油和小麦粉合在一起，做成面人、面碗、面灯等祭祀品，其中以面灯最多。祭星之前要鸣放鞭炮。面灯燃烧之光、鞭炮燃放之光，与天上明星闪烁之光遥相辉映。然后要进行傩戏舞蹈表演。仪式正式开始后，宣读祭文、敬香、撒五谷、跪拜"祭星"。以祈求苍天保佑，福星高照，风调雨顺，充满着生存的渴望以及对生命

蒙古族祭星活动
（敖汉旗委宣传部/提供）

撒五谷（敖汉旗委宣传部/提供）

祈福守岁（敖汉旗委宣传部/提供）

蒙古祭星——生肖制作
（敖汉旗委宣传部/提供）

蒙古祭星——许愿
（敖汉旗委宣传部/提供）

的珍惜。位于敖汉旗境内的国家级重点文物保护单位城子山遗址，被专家称为"中国北方最大的祭祀中心"，此外，还有诸多不同时期的出土文物，均与祭祀有关。

❷ 撒灯

敖汉旗中南部地区至今还保留着在元宵节期间"撒灯"的习俗，撒灯有撒黑灯和撒官灯两种。

撒黑灯即用草纸包上拌了煤油的谷糠或锯末做成若干"灯捻儿"，或用玉米瓢、松塔浸油，于夜幕降临时撒落在路边、街道或院内，以祈一年风调雨顺，人畜平安。

撒官灯除上述撒灯方式外，还有表演形式。

入夜，撒灯开始。撒灯队伍由2人在前布灯引路，1人鸣锣开道，接着是4面上书"会"字的狼牙月白旗，旗后是数十人组成的彩灯队。彩灯队后是表演角色：并行的两匹马上端坐着两个"官府内侍"，1个手举黄罗伞，1个腰挎宝剑、肩背官印。接着又是并行的两骑，1个是背着"圣旨"的"内侍"，1个是身穿长袍、头戴四喜帽的贺礼先生。紧跟着是灯司老爷（又称"灯官爷子"）和灯司太太（又称"灯司娘子"）。灯司老爷骑高头大马，头戴七品乌纱帽，身穿朝服，其周围跟随四名手持水火棍的"衙役"；灯司太太倒骑毛驴，手摇彩扇，身边有2名或4名"丫环"相随。再后是1个身穿皮袄、头戴毡帽、肩挑1对水罐的人。最后是鼓乐队和撒灯队。

撒灯的队伍首先从邻村开始。启程前,先由报马递帖,接到帖子的村要为灯司老爷备好几处"公馆",各户张灯结彩,预制灯捻子。日暮,村人需打鼓敲锣、燃放爆竹、布撒灯火,到村头"接灯"。

队伍进村前先拜庙。拜庙礼仪由贺礼先生主持,大致顺序是:灯司老爷下马,进殿,鞠躬,下拜,叩首(一叩首风调雨顺,二叩首国泰民安,三叩首三阳开泰,四叩首四季平安),出殿。

进村后,撒灯队伍走街串巷,所到之处鼓乐喧天,灯火遍地,人声鼎沸。村人纷纷向队伍献烟、茶、糖、果等。遇到"公馆",灯司老爷即盛赞一番,然后进屋拜年、小憩。灯司老爷和灯司太太由"公馆"男女主人陪同品茶,互道吉利。灯司老爷此时兴致倍浓,妙语连珠,说为"公馆"送来的是"一门五福灯、二意吉祥灯、三阳开泰灯、四季平安灯、五谷丰收灯、六合同春灯、七星高照灯、八方进财灯、九子十成灯、十十如意灯",于是主客皆大欢喜。与此同时,灯司老爷还要询问村里的点灯情况,凡未点灯的均视为"黑户",要给予适当的惩罚。还有人提出民事纠纷案让灯司老爷审理,灯司老爷当众升堂审理,惩恶扬善,因而民间又称灯司老爷为"代知县"。茶毕,队伍在贺礼先生的指挥下涌出"公馆",到别村撒灯。

民间很重视撒灯这一习俗,每有撒灯队伍到来,均热情出迎,并希望把灯撒到自家的院内、畜圈、井台等地,以求一年吉祥、发旺。撒灯活动要持续3天(正月十四到十六日),连办3年。最后一天回到本村,由灯司老爷宣布"扣灯"。撒官灯盛行于20世纪50年代以前,撒黑灯则流传至今。

撒龙灯(钱自会/摄)

❸ 跑黄河

敖汉旗中南部地区，自清乾隆、嘉庆时期起，在元宵节期间还有办"黄河灯会"（俗称"跑黄河"或"转九曲"）的习俗，一直传承至今。进入正月，会首便组织村民出资出力，在平坦的地方用秫秸、麻绳、木桩布成9、12或24连城的"黄河阵"。

在黄河阵中，每隔一定距离埋设1根木桩，桩与桩的顶部用1根秫秸连结，下部用两棵交叉的秫秸相连，形成跑道隔墙。"跑黄河"者须沿跑道一气跑出，不许退出或穿"墙"而出，否则认为不吉利并被戏称为"钻狗洞"。

24连城的"黄河阵"
（敖汉旗文体局/提供）

连城在进出口处各置牌楼1座，楼顶部各插5面彩旗，下悬9盏宫灯，门桩贴大红楹联，门侧挂三霄女和姜子牙画像。连城内各木桩上端，亦同样悬灯挂旗。

夜幕降临时，会首点燃灯火，宣布灯会开始，即刻鼓乐、鞭炮齐鸣。秧歌队伍首先进入阵内，接着狮子、旱船、跑驴、小车会鱼贯而入，最后是跑黄河的民众。人们在黄河阵中沿着曲曲弯弯的跑道嘶奔、起舞，形成一股人的河流、乐的海洋。在"跑黄河"时，人们可乘机"偷"走阵内的彩灯，回家后放在屋内点亮，以此"除邪恶、灭灾星"；可以"偷"走小旗，回家后插在门窗上，意"太公姜子牙令旗在此，邪祟不能近前"；一些久婚不孕或缺男少女者可以携香火纸马到三霄女神位前祈拜，而后端走彩灯（求男的端红灯，求女的端绿灯），返家路上不回头、不言语、不灭灯，到家后放到"灶王"牌位前，连点3个晚上，认为送子娘娘（三霄女）

黄河灯会布局（敖汉旗文体局/提供）

跑黄河（敖汉旗文体局/提供）

一定会赐给一个遂心的孩子。

黄河灯会不办则已，欲办必须连办3年，中间不许间断，否则均视为不祥。现在，"跑黄河"中的迷信色彩已十分淡薄，其有益于人们体力、智力锻炼的娱乐形式仍被继承下来。

敖汉黄河灯会（白凤斌/摄）

❹ 呼图格沁

"呼图格沁"蒙语为"求子"，另称"好德歌沁"，是集蒙古族歌舞、戏剧等形式为一体的综合表演。形成于清初，世代口头相传，至今已近300年，仅存于敖汉旗乌兰召村，被国内外专家学者视为"弥足珍贵的蒙古族民间艺术瑰宝"。

呼图格沁表演（白凤斌/摄）

"呼图格沁"的起源，传说是某年发生天灾，牛羊死光，阿尔泰山的白胡子老头带领众人驱疫纳福，复又牛羊遍野，人丁兴旺。清顺治五年（1648年），建海力王府在今乌兰召村，"呼图格沁"成为受王府支持的民间文化艺术形式之一。建国后，"呼图格沁"被载入诸多史志典籍中。

呼图格沁表演（白凤斌/摄）

"呼图格沁"于每年的正月十三至正月十六在乌兰召村举行，演出内容包含供奉、复活、上路、入院、进屋、驱邪祝福、求子女、送神等多个部分。跳起吉祥的舞蹈，唱着自编的地方歌曲，语言滑稽幽默，表演生动活泼，"呼图格沁"成为对蒙古族民间歌舞戏曲研究的重要素材和优秀文化遗产。

敖汉旗的传统文化习俗很有名气，呼图格沁和祭星分别于2007年和2009年被列入内蒙古区级非物质文化遗产名录。

（二） 旱作特有的祈雨和庆丰收方式

❶ 祈雨

　　敖汉地区，十年九旱，靠天吃饭的人们，只好祈求老天的恩泽，求雨便成了乡亲们每年都会搞的仪式。感到天快旱的时候，村子里有威望的老人就开始张罗求雨的事情了。村子里青壮男人以八抬大轿的形式抬着"李老爷"的

祈雨（敖汉旗文体局/提供）

牌位，人们敲锣打鼓，不管男女老少都戴着用柳树枝条编制的帽圈，用柳条蘸着水桶里的水，到处洒，做着天下雨的样子，沿着村子的主要街路缓慢行走。仪式的最后是集中到村子中央的空地上，人们面向"李老爷"的牌位，一位长者诵读着祈求"李老爷"的话语，大家齐刷刷地跪地磕头，祈求"李老爷"显灵，来场及时雨，缓解旱情，滋润秧苗，拯救众生。

　　祈雨时还要唱大戏。在村子中央搭台唱戏，一般是连着三天晚上唱大戏，有时是唱皮影戏，有时是唱评剧，"一口叙说千古事，双手对舞百万兵。"敖汉皮影以优美的雕刻造型与动听的地方唱腔相结合，并用当地乡土语言道白，"戏中有画，画中有戏"，独具特色。敖汉皮影常用影调、外调和杂牌子3种唱腔，观众可到后台参观，深切感受民间艺术的魅力。驴皮影主要有"泥马过江"、"大奸臣张邦昌"的片段，评剧主要有"刘伶醉酒""井台会""金沙江畔""黄草坡"等。

唱大戏（敖汉旗文体局/提供）

　　敖汉地区的祈雨文化已持续几千年。城子山遗址最早是先民们祈雨的场所，距今4 200年至3 800年，是目前国内发现的规模最大、祭坛数量最多的祭祀遗址。古代敖汉的大地连年干旱，使得当地的小米等作物经常歉收。淳朴的先民们为了让自己的农作物丰收，不惜耗费巨大人力物力，修建了这宏大的城子山祭坛群。在先民们的心目中，龙可以兴风作浪、翻云覆雨，而天上的雷电是龙的化身。闪电打雷的过程，其实就是巨龙降临大地觅食，同时为人们带来倾盆大雨。古代敖汉的大地上，野猪是一种很常见的动物。每次闪电打雷的时候，野猪们都吓得趴在地上不敢动。久而久之，先民们认为雷电（也就是龙）是野猪的天敌，野猪事实上是龙的食物。为了吸引巨龙降临大地带来雷雨，先民们制作了众多猪形的玉器，作为祈雨时的神物。

城子山遗址（敖汉旗文体局/提供）

❷ 庆丰收方式——地秧歌

地秧歌是一种庆丰收的形式，自清代乾隆、嘉庆年间汉人流入即在敖汉旗流行。通常以40、60、80人结伍表演。有的加狮子、龙灯、旱船、小车会等杂耍，群众称之为"出会"或"办热闹"。

传统秧歌的主要形式是：由1人鸣锣开道，后跟两面狼牙月白旗，旗上书写"会"字。后面是正、副领队。正为伞头，头戴礼帽，身着长衫，手持一把扎了红布带子的雨伞人。副领队称伞公子（也称傻公子），身穿道袍，手持彩扇。接着是若干个1男1女为伍的伴演者（也有男扮女装者），这1男1女称"一帮股"。扮演的角色有渔、樵、耕、读或传统的戏剧组如《白蛇传》《小借年》《小放牛》。在表演形式上，地秧歌以慢步、快步和碎步为主。并按人物身份讲究手、眼、身、法、步的配合。或根据表演者的特长，发挥秧歌的技艺。在不超出人物身份的前提下，可即兴变化。除个人单独的舞蹈外，还有人物间的呼应动作，如"搭身""对面""轱辘"等。

扭秧歌（敖汉旗文体局/提供）

（三）多民族融合的传统节日

敖汉旗人口以汉族为主，占92%以上，其次为蒙族、满族和回族，还有少量的朝鲜族、壮族、苗族、达斡尔族、锡伯族、彝族、土家族、藏族、鄂温克族、鄂伦春族等。生活在敖汉的各民族由于长期共处，不仅结成了新的地缘关系和密切的共同经济生活，而且由于婚姻往来和不断的文化交流，在民族风俗等方面也已逐渐融合起来。除了民族特有的风俗习惯之外，一系列汉族传统节日的风俗也都被各族人民很好地继承了下来，比如春节、元宵节、添仓节、龙头节、清明节、端午节、中秋节、腊八节、小年等。

（1）添仓节

农历正月二十五是添仓节，又叫龙凤日。黎明时分，农家用灰在院中撒圆圈，将少许五谷撒于圈中，称之为"搭囤"，并焚香祈祷一年五谷满仓。

（2）龙头节

农历二月二日是龙头节，时值初春，大地复苏，俗谓龙抬头，故称"龙头节"或"青龙节"。农家黎明焚香，用灰自室内水缸下撒至井边，再用糠自井边撒至水缸下，希望"青龙去，黄龙来"，谓之"引龙"，祈求一年风调雨顺。小孩多于此日剃头，谓"剃龙头"。家家俱食腊月留下的猪头，鸣鞭炮庆祝。

置备年货——挂钱（胡江/摄）

（四）宝贵的生产实践农谚

农事活动类农谚：

春种早一日，秋收早十天。

一年两头春，黄土变成金。

二月清明麦在前，三月清明麦在后。

清明不断雪，谷雨不断霜。

大旱不过五月十三。

有钱难买五月旱，六月连天吃饱饭。

头伏萝卜二伏菜，三伏种荞麦。

七月十五定旱涝，八月十五定收成。

处暑不出头（庄稼），到秋喂老牛。

荞麦种早籽粒稀，荞麦种晚怕霜欺。

天上鱼鳞斑，地上晒谷不用翻。

天气预报类农谚：

早上下雨一天晴，晚上下雨到天明。

当日下雨当天晴，三日以后还找零。

不怕初一十五下（雨），就怕初二十六阴。

上元无雨多春旱，清明无雨六月阴，夏至无云三伏热，重阳无雨一冬晴。

五月二十五日雨，七月旱。

五月熟，六月淋。

七月雨多，八月旱。

八月初一下一阵，旱到来年五月尽。

八月十五云遮月，正月十五雪打灯。

九九有雪，伏伏有雨。

九月初九到十三，无雪一冬干。

顶风云彩，顺风雨。

东虹日头西虹雨，关门雨下一宿（xǔ）。

风刮一大片，雹打一条线。

旱时东风难得雨，涝时东风无晴天。

老云接驾，不刮就下。

雷雨三过晌。

淋头雨，晒头伏。

缸穿裙山戴帽，蚂蚁寻乡蛇过道，下雨之兆。

黄云彩上下翻，大雹子必能摊。

蚂蚁搬家蛇过道，老牛大叫雨就到。

蚂蚁进屋麻雀闹，过三天雨就到。

闷热头痛疮疤痒，三天之内下一场（雨）。

天下起龙斑下雨不过三。

屋里不出烟，眼前不晴天。

先下牛毛无大雨，后下牛毛不晴天。

响雷一百八十天下霜。

月亮黄半圈，起风在眼前。

月亮毛烘烘，不下雨就刮风。

（五）传统旱作农耕器具

敖汉旱作农业使用的传统农耕器具包括：种地用的木梁弯弯犁、簸梭、石磙；除草用的锄头和小手锄；收割用的镰刀；脱粒用的碌碡、木杈、木锨、木刮板、扫帚、簸箕、扇车；米面加工用的石碾和石磨等。

1 犁

犁是耕地的主要农具，分为裙犁与耩犁两种，裙犁是用木和铁制作配套而成，其部件包括犁身（头、翅、身与拐把）、犁柱、犁辕、犁沿子、生铁铧与逼土器（俗称逼斗）等。犁身为木质，略呈斜S形，直长约四尺*；头部为前小后大，光面的木疙瘩，用以套戴生铁铧；头后右侧有一长约四寸、宽约一寸、厚约八分的木条，一端垂直榫铆套装于犁胫，称为翅膀，用以绞系逼斗；拐把为长约三寸的木条，垂直榫铆套装于犁尾部。犁柱为长约六寸的圆木条，一端套戴铁嘴，前顶于犁辕拐弯处的凹窝，柱尾后顶于犁身中部的凹槽，柱后槽内可以增减木楔，以决定耕地的深浅。全副子为长约一尺七八寸、宽约二寸、厚约八分的硬木条，两端穿套扁铁环，用以挂系牛犋；中部有圆透孔，穿套于犁辕尖部的铁轴，可以前后转动。犁铧为生铁浇铸，前有长约二寸的铧尖，尖后为空腔铧腹，套戴于犁头，尖后腹的两侧各有一宽约八分、长约三寸、内厚外薄的边檐，檐后连接有长约寸七八、稍外倾斜的耳，用以分开翻动的虚土。整个铧的外形略似斜倒的塔式。逼土器，俗称逼斗，熟铁质，厚约半厘米，略似边长各约六七寸的方形，前有短方柄，面光稍下凹，底部有三个透孔钮，用细绳细棍绞绑于犁头后的木翅上。

木犁

---

* 1尺≈0.33米。

❷ 簸梭

簸梭是用1根60~70厘米长的木料制成簸梭体,在簸梭体的1/4处,十字交叉连接1个臂,在臂的左右两端向后连接1个弓形支条,簸梭体前端有孔系着绳,使用时人或牲畜拉绳顺着播种过的垄沟前行,给种子覆上土。

簸梭

❸ 石磙

石磙形似鸡蛋,是用石头做成,磙子两端嵌着铁钉,磙夹与铁钉连接,播种覆土后,由人或畜牵引,滚动镇压覆盖种子的松土。

石磙

❹ 锄头

锄头,用铁锻制,是中耕除草、放垄的主要工具,由锄板、锄钓、锄杠3个部件组成,用以锄草、松土。

锄头

❺ 小手锄

小手锄,长30厘米,锄板与钩为一体,安有木柄,用于间苗和除草。

小锄

❻ 镰刀

镰刀,是敖汉旗传统收割工具,钢齿,木把,主要用来收割谷子、荞麦、玉

米等作物，根据人使用习惯不同，一般分为左手镰和右手镰，由铁匠打制而成，大部分都使用右手镰。

镰刀

❼ 碌碡

碌碡，又称砘（有光砘、网砘两种），立体是一个石滚，石滚两头各有轴窝，使用时装上"挂子"，用牲畜牵拉，通过碾压，为麦、豆等脱粒。

碌碡

❽ 木杈

木杈，木制，叉头三股。一般选择由天然的树木形成的杈型，再由人工加工而成。在打场时用它拆垛、打垛、翻晒。

木杈

❾ 木锨

木锨结构很简单，由锨板（锨头）和锨把组成，锨板为一块长约40厘米、宽约30厘米的三合板，加压加热使其中间部位略微凹陷，然后锯掉上端的两个角。锨把是一根光滑的白杨木棍，固定锨板的一端略微弯曲后变成方形，再用两根铆钉将二者铆在一起即可。木锨是传统农作物收获季节脱粒打场时必备的工具之一。它的作用是将掺杂着碎屑的粮食聚拢成堆，迎风扬起掺杂着碎屑的粮食，将二者分离（扬场），将干净的粮食装袋等。

木锨

⑩ 刮板

刮板有两种，一种横长板上装柄，一人持柄使用；一种宽大，上设横把，一人在前牵拉，一人在后扶横把。二种均用于打场时收集粮粒。

⑪ 扫帚

扫帚，细竹枝扎成，又称大扫帚，用于打场时掠去粮堆上之浮皮、碎草等。

刮板

⑫ 大簸箕

大簸箕，用去皮柳条编成，前设木板（俗称簸箕舌头）方便撮物，用于扇去粮食中之草屑。

扫帚

⑬ 扇车

扇车在敖汉农村使用很普遍，现在仍然很多，主要用于清除谷物颗粒中的糠秕，由车架、外壳、风扇、喂料斗及调节门等构成。工作时将粮食放进上边的喂料斗，手摇风扇，喂料斗下边就有风吹过，开启调节门，谷物在重力作用下会缓缓落下，密度小的谷壳及轻杂物被风力吹出机外，而密度大饱满的谷物直接流出在下边出料口。这样，就把糠秕与谷物分开了。

簸箕

⑭ 石碾

石碾是一种用石头和木材等制作的使谷物等破碎或去皮用的工具，现在敖汉的农村依然

扇车（敖汉旗农业局/提供）

有人使用。碾台（亦叫碾盘），是用来承托碾砣碾谷物等用的石底圆台。碾砣（亦叫碾磙子），是在碾台上滚压谷物等用的圆柱形石头。碾框，是用来支撑、约束碾砣围绕碾管前转的框架。碾管前，是位于碾台中心用来约束碾框子的轴。碾棍（或碾棍孔），是在碾框子上推碾用的棍子和插碾棍的孔。

石碾（敖汉旗农业局/提供）

石碾是敖汉历史悠久的传统农业生产工具，能以人力、畜力、水力使石质碾盘做圆周运动，依靠碾盘的重力对收获的颗粒状粮食进行破碎去壳等初步加工，该生产工具是我国劳动人民在几千年的农业生产过程中逐步发展和完善的一种重要生产工具，至今在许多农村地区仍有使用。

⑮ 石磨

敖汉地区的农村30年前还有很多石磨。石磨是用于把米、麦、豆等粮食加工成粉、浆的一种机械。用人力或畜力拉（推）动，通常由两个圆石做成。磨是平面的两层，两层的接合处都有纹理，粮食从上方的孔进入两层中间，沿着纹理向外运移，在滚动过两层面时被磨碎，形成粉末。

石磨由两块尺寸相同的短圆柱形石块和磨盘构成。一般是架在石头或土坯等搭成的台子上，接面粉用的石或木制的磨盘上摞着磨的下扇（不动盘）和上扇（转动盘）。两扇磨的接触面上都錾有排列整齐的磨齿，用以磨碎粮食。上扇有两个（小磨一个）磨眼，供漏下粮食用。两扇磨之间有磨脐子（铁轴），以防止上扇在转动时从下扇上掉下来。一般磨直径80厘米左右，一个人或一头驴就能拉动。小磨直径不足40厘米，能放在筐箩里，用手摇动，用于拉花椒面等。还有拉豆腐汁和煎饼糊子的水磨等。

石磨（白艳莹/手绘）

（六）独具特色的农村古建筑

❶ 马架子

敖汉地区自8 000年前的兴隆洼开始即开始搭建马架子，这是最早的房屋，而且一直延续到20世纪七八十年代，在农村还可见到。敖汉地区最早的马架子是用泥巴和树枝搭成的窝棚——用几根圆木搭成"人"字形的骨架，糊上一层泥墙，再盖上敖汉特产的"洋草"，在两头开个门就建成了。在地上铺一层厚厚的洋草，就成了两排通铺，虽然也有北方大炕的形状，但是不能像炕那样烧火取暖。

马架子里的生活是非常艰苦的。冬天没有热炕，人们不仅要穿棉衣上"炕"，还得戴帽穿靴，即使这样，晚上也常常被冻醒。四月开春，"炕"下的冻土开始融化，马架子里成了大泥塘。马架子是茅草苫顶，冬天下雪还没大问题，开春后下雨就麻烦了。大雨大下，小雨小下，外面不下，屋里滴哒。到了夏天，荒野上的蚊虫在马架子里来去自如，威风八面。

除了这些，马架子还有两个特点：一个是黑，它的窗户极小，不少马架子都没有窗户，太阳一偏西，屋里就黑透了；二是贴地潮气重，屋里的东西很容易发霉，有时还能长出蘑菇来。

马架子最大的优点，就是搭建容易。伐木、割草、和泥、平整土地、埋柱子、钉横梁、垫木条、在木条上抹一层泥当墙，再铺上洋草，一间"A"字形的马架子就建成了。

马架子（白艳莹/手绘）

❷ 地窨子

根据古书记载，东北地区至少在一两千年前，就有了"夏则剿居、冬则穴处"的居住习俗。所谓"剿居"是在林中树木之彰距地一定高度搭设住处；而

"穴处"则是住在"穿地为穴"的屋子里。这种地穴或半地穴式的房子在敖汉很普遍，一直延续到解放初期，敖汉人称为"地窨子"。

地窨子一般都是南向开门，里面搭上木板，铺上厚草和兽皮褥子即可住人。冬季寒冷或雨季潮湿的时候，在舍内正中拢起火堆取暖，支起吊锅做饭。另外，地窨子中居处，有一定的礼仪规矩。一般北向是"上位"，是老年、长辈人居处的地方，年轻和晚辈人只能在东、西两侧居处。地窨子盖造方便，保暖性好，但这种房子的耐用性很差，通常每年都要重新翻盖一次。所以，一些定居的人们在条件具备的情况下多改建地面房屋，近三四十年作为正式住宅的地窨子已经很少见到了。

建造地窨子的房址，一般选在背风向阳、离水源较近的山坡。先向地下挖三四尺深的长方形坑，空间大小根据居住人口多少确定，在坑内立起中间高、两边矮的几排房柱，柱上再加檀椽，椽子的外（下）端搭在坑沿地面上或插进坑壁的土里，顶上绑房芭和草把，再盖半尺多厚的土培实，南面或东南角留出房门和小窗，其余房顶和地面间的部分用土墙封堵。这种房子地下和地上部分约各占一半，屋内空间高两米左右，或砌火炕，或搭板铺在地中央升火取暖。房顶四周再围以一定高度的土墙或木障，以防牲畜踩踏。

地窨子（白艳莹/手绘）

❸ 土窑洞

敖汉地区在沟的壁上开挖成的供人居住的洞穴很多，集中在新惠以南的黄土丘陵区，是生土建筑的一种。土窑洞所需建筑材料很少，施工简单，造价低，冬季保温条件好，故沿用至解放后，敖汉人称为土窑，现今在新惠附近的西山柳条沟村、王爷地村、巴当瓦盆窑村等地还有很多遗存。

土窑洞（白艳莹/手绘）

土窑施工简单，造价低，但如果渗漏失修或遇地震灾害，会发生坍塌事故。土窑洞大多在天然土沟壁上挖出，窑体垂直崖壁，顶部呈半圆形或抛物线形。可以并列3~5孔。或各自开门，或在侧壁开通道成为套间，以防崩坍。窑口用砖泡，装门窗。窑内也有用砖石衬砌的，建有土炕，锅台，烟道，里窑住人，外窑做饭，外窑向深处的地方可储存粮食、杂物、秋菜等，特别实用。

（七）杂粮为主的饮食文化

❶ 粟的食用

粟是良好的食品营养源，中医及民间素以小米制作滋补粥食，用来调养身体。敖汉小米质量上乘，独具特色，米色清新，品质纯正，营养丰富，适口性好，属米中之上品。小米粥有"代参汤"之美称，常吃敖汉小米有清热解渴、降血压、防治消化不良、健胃除湿、补血健脑、安眠等功效，还有能减轻皱纹、色斑、色素沉积，有美容的作用，也非常适合怀孕期妇女及产后进补食用。是女人哺乳、老人患病、婴儿断奶的首选食物，也是平衡膳食、调节口味的理想食品。以小米加工的食品也具有较高的营养价值。例如小米米粉，小米制成粉后，发酵后制作成发糕。小米米糠的主要成分是小米的表皮和胚芽，占谷子质量的8%，而米糠中的维生素、柠檬酸质量分数达95%。在过去很长的时间内米糠只是直接或经过粗加工后用于家畜、家禽饲料。

❷ 糜子的食用

糜子有很多种食用方法：

（1）制米。糜子是传统的制米作物，黄米及其加工制品是糜子产区的主要口粮和保健食品。在干旱区，长期以来就有"吃饭靠糜子，穿衣靠皮子"，"庄稼汉要吃饱肚子，黄米干饭泡瓠子"的说法。黄米加工技术简单，长期以来是糜子产区的主要口粮，但口感不好，适口性差，是影响糜子产品开发推广的主要因素。

（2）制酒。糜子是传统的制酒原料，糜子

敖汉小米粥

蒙餐之炒米

产区几乎家家户户都有用糜子酿制黄酒的习惯，但多为自酿自用。

（3）风味小吃。糜子及糜子面可以制作多种小吃，风味各异，形色俱佳，营养合理，食用方便，制作历史悠久。糜子风味小吃有炒米、炸糕、枣糕、浸糕、年糕、连毛糕、糕斜儿、汤团、摊花、煎饼、窝窝、火烧、油馍、酸饭、糜子粉、糜面杏仁茶等。

❸ 荞麦的食用

荞面可以制作很多美食，敖汉荞麦因"粒饱、面多、粉白、筋高、品优"等特点深受青睐，每年都有一定数量的荞麦出口到日本、韩国等国家。盛产荞麦的敖汉也有用荞面制作的特色美食，每到新荞面上市的时候，敖汉的家家户户以及大小饭店的餐桌上，最多见到的就是"敖汉拨面"，细致的面条筋道顺滑，莹绿的汤汁馥郁浓香，它在敖汉人的心里蕴含的就是"家乡味道"。所以，"敖汉拨面"以"敖汉第一特色美食"的地位深深扎根在每个敖汉人的心里，以赤峰第二特色美食的声誉在向全国推广。

敖汉美食"拨面"，用敖汉产的荞麦为原料，经轧碾后，和成稍硬的面，放在长条形面案上，用特制两端有把的刀，进行挤切，直接下锅煮熟，捞出浇上卤汁，口感润滑而富有筋性，味道甚美。同时，荞麦还具有降气宽肠、清热解毒的药用功效。

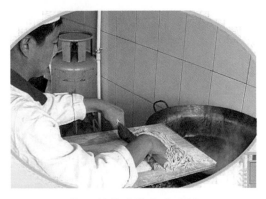

拨面制作（韩殿琮/摄）

荞面条（敖汉旗农业局/提供）

（八）悠久的乡土文化传承

　　文化的传承一般是通过文学与艺术这种无限丰富的表现形式承载的，特别是对于民间文化，人们往往倾向于通过诗词、歌谣、神话传说等众多表现形式记录和传递下来。自中国农业文明以来，旱地作物粟、黍、荞麦和各种豆类一直是中国北方人民的主要食物来源，对于这些与生命相关的食物，人们往往通过诗歌、散文等文学形式来表达赞美和感恩之情。

　　流传在敖汉旗境内民间的诗词歌赋、唱大戏，等等，大都是为了展示敖汉旗八千年农耕文化底蕴，敖汉人锲而不舍、代代传承和保护的精神和做大做强敖汉杂粮产业的决心和信心。此外，敖汉旗地理环境和自然风貌没有大的改变，仍保留原始农业种植形态，是旱作年农业系统的典型代表，其独特的农业系统景观更是流传数千年，在文学作品中早有记载。

　　敖汉旗的旱作农业历史文物（可移动或不可移动的）、独特的民俗（祭星）、民间工艺、语言文化等农业文化遗产是传统农业以不同形式延续下来的精华，反映了传统农业的思想理念、生产技术、耕作制度和文化内涵，在许多方面值得现代农业借鉴。农业文化遗产包括了根据当地特有的自然资源和物种关系，运用源于当地、富有特色的技术手段和管理方法，形成并延续至今的多样性的农业系统。这些农业系统，构成了生物多样性意义上的农作物品种的重要载体，同时反映了农民–土地–农作物之间的生态联系。

❶ 由来与传说

（1）神奇的飨神树

　　牛力皋川，一个常见常听的地名，一个熟悉而又陌生的地方，一个普通与神奇兼备的所在。它的地理位置在科尔沁沙地南缘，西到黄羊洼、东抵帮差地，面

飨神树

积约270平方千米，因东西走向川中有湖，湖成串珠排列而得名。牛力皋川，牛力即是"淖尔"，系蒙古语"湖"的音译，"皋"是川的音译，而川字属附加。随着"牛力皋"牌荞麦系列产品名闻中外，人们想知道它的过去和现在。牛力皋川除了盛产荞麦外，最著名的就是祭飨神。

祭飨神，蒙古语为"尚什么都迪哈乎"，这是古代蒙古族对自然神崇拜的延续，与祭天、祭地、祭敖包一脉相承。飨神树生长在牛力皋川的下庙村南山阴坡上。关于树的来历据武永善先生《毡庐随笔》有这样的传奇：乾隆年间开发牛力皋川的温都尔夫初到牛力皋川下庙村定点放牧，开田种漫撒子，有一年农历六月十三日，发现家中水缸显现一株大伞形树影，灵性使他顿悟这是吉祥福祉来临的瑞兆。他入睡后在梦中内卜达克神指点其家川前正南方山阴坡有一株神榆树，若能年年抚育、岁岁祭祀，可以子孙繁衍、家业兴旺。温都尔夫按梦中神人指点找到了这棵树，但见此地风水祥瑞卓然——溪水情、树似笔、潭如砚、山色佳。为了此地风水荫及子孙，于是自此年年农历六月十三日宰畜祭奠。

这种祭奠活动在晚清人记载的《牛力皋川札记》中有过这样的描述："邻近邑落少长咸集，大会树下，烹羊煮粥，醑酒致祭，祈祷永天。胡琴伴歌、舞蹈匍匐、摔跤搏胜、弓弩射中、驰马争前、略无拘束，竟是尽欢者乃崇天尚武之余风也！"由此可见，祭飨神的场面之隆重热烈且极富情趣，而下庙村是牛力皋川牧民活动的重要场所。据史料记载，整个川谷曾出现过"穹庐宇澄净，雕鸢翔空；农桑润道，川陆如画"的景象。飨神树生长最繁盛时期树干直径达2.5米，高34米，树冠达18米，长得确实奇特。20世纪50年代停止祭奠活动，"文革"中飨神树被砍。

（2）兴于康乾盛世的秋季围猎

康熙时期，规定每年只秋猎一次，届时圣驾驻跸承德避暑山庄，敖汉部每年均出围兵50人。与盛世相应，牛力皋川的秋季围猎盛况空前。那时的生态以天然杂草为主，围猎方便。届时，各屯的猎手手持布鲁棒，腰挎最能叨逮猎物的细腰狗，骑上腹长、小腿长善于追捕猎物的跑马集合一处，听任在马术、放狗、猎追、射杀、击打诸方面均高人一等的"围头"——围猎过程的总指挥统一调度。

整个过程是这样的：各路猎手集合在牛力皋川下东庙东南"飨神敔来"处，围头带领众猎手向山神致敬，祈求猎物，再集体骑马围绕"飨神敔来"转三圈，然后盟誓："全体围猎者向长生天发誓，向山神保证，我们每个围猎者，要听从指挥，用心合围。不怀私心，勇猛驰追，争先射杀，遇幼兽母兽要开围放行，如遇猛兽协力击杀，拾得猎物，通报勿匿，谁犯猎规，上天不饶，山神不允。"围猎开始后，猎人们形成一个方圆十几里的大圈子，高喊："哈依！哈依！呦！呦！"逐步缩小包围圈。在围头吹响螺号以后，众猎手驰马冲入猎场之中射杀击打被包围

猎物。这时整个围场嘶鸣、猎犬吠，箭发弦上、刀出鞘囊、棍棒山响，给人以"雷动飙至、星流霆击"的大激战感觉，令人心旌摇荡，激跃不已。在杀伐后，大家共同进行一次野餐，饱享围猎的口福，围猎在酒歌飘香、人人欢畅中落下帷幕。

秋季围猎（白艳莹/手绘）

（3）敖汉荞麦传说之一

敖汉荞麦有着很传奇的故事。很久以前天大旱，连续几月滴雨未下，庄稼颗粒无收，百姓苦不堪言。眼看到了秋收季节，百姓还在祈雨，土地爷实在看不下去了，便跑到玉帝那里去说了些好话。玉帝听说人间这样遭难，很觉得有些失职，赶紧安排下场

敖汉荞麦

透雨。龙王向玉帝禀报说，现在下雨也无济于事了，天气渐凉，已经没有什么作物可以开花结籽了。玉帝究竟是神仙，有非凡的智慧，慢慢睁开眼说，这样吧，

边说边用手在他脖子上搓了几下，这里有些种子，深秋下霜时就有收获了。说着把手里的泥撒向人间，落在坡的阴面后来长出来就是苦荞，因为是玉帝脖子上的泥变的，所以苦荞籽的颜色至今还是那么油光发亮。

（4）敖汉荞麦传说之二

相传在很久很久以前，南山下有一对贫苦的农夫，住在一间又低又窄的茅屋里，茅屋上只盖着三片瓦，所以人们都成他们为"三片瓦家"。三片瓦家虽然穷，却养了三个漂亮姑娘，大姑娘叫大麦，小姑娘叫小麦，二姑娘叫荞麦。大麦和小麦，高高兴兴地嫁给了两个庄稼人，成家立业，男耕女织，日子都过的热热火火的。只有二姑娘荞麦，跟大姐小妹不一样，身懒吃不了苦，还爱吃香的穿好的，整天对着个镜子梳妆打扮，喜欢给头上戴一朵小白花。父母把她许给一个叫苦得的庄稼汉，荞麦嫌人家后生长得不体面，人老实，打心眼里瞧不起。

村子里有个坏书生，名叫寒露，终日游手好闲，拈花惹草。一日在地里遇见了荞麦，甜言蜜语，勾勾搭搭，从此二人眉来眼去，暗中幽会。荞麦学会了几句诗文，就更是看不起大姐小妹来。父母一提苦得，荞麦便顶父母几句，反正不愿和苦得成亲。寒露勾引荞麦姑娘，使荞麦怀上了孕。荞麦急于跟寒露成亲以遮丑，寒露却说门不当户不对，丢了荞麦另寻新欢。荞麦羞愧难言，不想活在人世，父母从中安慰，姐妹来劝说。荞麦回心转意，情愿嫁给庄稼汉苦得。

偏巧那一年天旱地裂，禾苗干枯。急于出嫁的荞麦，请媒人到苦得家求婚。媒人回来说，只要有一线之路，也不娶荞麦为妻。荞麦听了此话，眼泪只管往肚里流，知道都怪自己，自己是自作自受。再看大姐小妹，都是夫妻恩恩爱爱，而自己失身寒露，身败名裂。还有啥脸活在人世！不如一死了事。就给苦得写了绝命诗：家住三片瓦，出身在贫家。小时爱穿红，长大戴白花。书生寒露把我害，死后不怨爹和妈。

敖汉荞麦

夜里，荞麦姑娘将诗藏在袖筒里，

朝着三片瓦的茅屋拜了又拜，来到白天苦得干活的地方，长跪不起，呜咽泣哭，吐血而死！第二天，苦得来到地头，看到三片瓦的姑娘已经气绝，在她的身体四周，长出了许多红秆秆、绿叶叶、开白花的草。他可从来没见过，以为是荞麦变化的，就叫它荞麦。寒露听说荞麦姑娘死在了地头，也就念往日之情，跑去看望。他刚走到荞麦跟前，那荞麦结的黑籽就"唰"地落了下来。以后，人们就把荞麦当作庄稼来种，比谷子苞谷迟多日子种也没关系。又不择地，耐旱。只是要在寒露到来前收割，要不就落到了地里。

（5）黄羊洼里祭敖包

名闻遐迩的黄羊洼生态区在牛力皋川的西缘。登临黄羊洼的敖包山上便可俯视与远眺到独特的风景。这里的八九月为景色最好时。向西眺望，网格式的杨树莽莽苍苍地漫向如玉带一样嵌镶在西边天际的老哈河。东、南、北三面，高粱喝醉了，谷子、黍子挂金了，更有那花

祭敖包（白艳莹/手绘）

白籽黑的荞麦和着烂漫的野花野草在风的吹拂中忽忽悠悠地涌向远方，真令人神思缥缈、惬意无限。历史上这里杂草丛生、黄羊出没，流传着不少动人的故事。

其中"小姑娘和小黄羊"的故事是这样讲的：有一个随父亲到洼里来的姑娘在草丛中发现了一只睡熟的小黄羊，就把它抱在怀里欣赏，她觉得这只羊非常好看，尤其是脑门上有一个绿色的羊草型标志。正瞧着，小黄羊使劲蹬了下腿，从小姑娘的怀抱中跳了出去，踩着草尖飞跑了。小姑娘愣愣地看着，不知道它为什么能跑那么快！父亲告诉她，那是只小黄羊，尽管成群成片的黄羊像云、像风一样从她的眼前掠过，可她怎么也找不出那只小黄羊！天渐渐地黑了，小姑娘迷失了方向，正在这时小黄羊出现在小姑娘的眼前，于是小黄羊在前，小姑娘在后，走着走着小黄羊就把小姑娘领到了已掌灯的家中！

就是在这黄羊洼的敖包山上，牛力皋川的先人们开始祭敖包。那里四面八方

的人云集敖包山上，祭祀开始时，首先在敖包上高竖印有天马图和经文的大旗，再把祭品一只全羊摆上，主祭人便焚香诵咒符经文，在向天地弹指洒洒后，又在敖包顶端摆上石块，口念"长生天保佑，敖包你每岁要增高，六畜每岁要增数，五谷每岁要丰收，人人每岁要健长"等吉祥话。与此同时，与会者由僧人导引吹海螺号，顺时针绕敖包转三圈，以示一年大顺大吉。在向敖包跪拜叩头后，祭祀结束。每当祭祀时，总有黄羊云集敖包山的周围，顺序排列井然，纹丝不动地观望，待人走后黄羊也自行离散。

（6）叫来河

叫来河是敖汉境内的三大河流之一。这条河，河水没有固定河道，随意泛滥，并且河水始终是浑的。它流到下游奈曼境内，突然一下子钻入沙甸子，在沙甸子钻了一阵，又爬了出来，汇入下游的虹牛河。奇怪的是，这股水汇入虹牛河道，却不和虹牛河融为一体，而是在同一河道内互不相扰，清悠悠的虹牛河和浑焦焦的叫来河并肩前行。这是怎么回事呢？据传说，这条河是清朝乾隆皇帝叫来的。

相传，乾隆皇帝来敖汉巡视，他乘着金幡玉辇，带着文武官员，从贝子府出发，东行至当年一座孤山下面，安下行宫。

当时，这一带正闹旱灾。一望无边的荒甸子，沟沟岔岔，村村落落，都是滴水不见。人马驻扎后，吃水成了大事。随驾太监四处找水，找水人回报，都说无水。乾隆口干舌燥，急等水喝。见官兵找不到水，就传旨派当地百姓去找。

叫来河

被派去的第一个百姓，去了多时回来了，乾隆问："找到水没有？"百姓回答："找到一个干河，没有水。"乾隆大怒，喝令刀斧手："把这无用的蠢材斩了！"杀了第一个百姓，又派第二个百姓。不一会，第二个百姓回来同样禀报，第二个百姓又同样挨了杀。接着又派第三个……就这样，派出一个，空回一个，杀了一个，不到半天工夫，竟有十个百姓被杀。乾隆皇帝不弄来水决不罢休，他又传第十一个百姓去找。这个百姓，是个聪明能干的后生，他到四处转了一圈，也同样没有找到水，就站在小干河上，满眼含泪，低声地祷告说："小河啊，你快出水吧！你再不出水，我们这一带人就会被皇帝杀光的！小河啊，你快可怜可怜黎民百姓吧！"他祷告了一阵，见还是没水，只好由武士押着回来了。乾隆皇帝见他回来，忙问："找到水没有？"这后生一听，心里不由得一哆嗦，暗想，完了，马上就要死了。反正我是快死的人了，就在死之前戏弄皇帝一下吧。想到这里，他大胆地说："找到水了！"乾隆一听说有水，顿时眉开眼笑："水在哪儿？"后生把手往干河套方向一指："那不是，在那儿呢！你叫它一声它就来了。"说也怪，这后生话没落地，一股洪水就像从天上掉下来似的，奔腾呼啸，从后生所指的方向，滚滚地流来了。

那水像一条长蛇，弯弯曲曲地流到乾隆面前，竟急剧地打起旋来，不再往前流了。乾隆和文武官员定睛一看，那水里有一条大泥鳅，正朝着乾隆皇帝眨眼呢！

原来这条泥鳅管着这股河水，它本打算隐居沙滩，因为见后生哭得厉害，为不使百姓再遭杀害，这才领水出来。它把水引到乾隆面前，是想等乾隆用完水后再领回去。不料，乾隆皇帝等人马用水完毕，竟把手中小扇一摇，朝泥鳅说了声"随我走吧"，那泥鳅道浅位卑，怎敢得罪真龙天子？它只好摆了摆尾，垂头丧气地跟着乾隆的圣驾向前走去。乾隆皇帝来到敖吉，那水跟到敖吉；来到下洼，那水也跟到下洼。这一天，乾隆一行人来至奈曼边境，遇见北票黑城子王派人前来接驾，于是乾隆决定改变巡视路线，驾车黑城子。

乾隆不走缺水的干沙滩了，不需牵这股河水了，这股水往哪儿去呢？那领水的泥鳅又摆起了尾巴，等候乾隆的吩咐。乾隆皇帝一挥手，说了声："你爱往哪去就往哪去吧！"乾隆扔下这股水，带着随行人到黑城去了。

乾隆走后，这股水想回去也回不了，只好随便流起来。它像撒缰的野马，左弯一下，右拐一下，最后一头扎进沙滩，从沙滩出来，又汇入虹牛河。因为这河是泥鳅领来的，没有资格和蛟龙掌管的虹牛河为伍，只好在同一河道各奔各的前程。

❷ 古代文学作品

（1）粟

黄河流域的早期文化也可说是旱农耕作的粟、黍文化。《诗经》中出现了与粟有关的字"黍""稷""秫""粱""糜""芑"等。"稷"一说即粟，一说为黍；"秫"指黏性粟，后泛指一切黏性的谷粒；"粱"指穗大芒长粒粗的粟；"糜"是赤色的"粱"；"芑"是白色的"粱"，反映了古代人民对粟的不同类型，早已有所认识。

粟在春秋、战国时期仍是首要的粮食作物。《汉书·食货志》称："春秋它谷不书，至于麦禾不成则书之，以此见圣人于五谷最重麦与禾也"。"禾""谷"二字常被用作主要粮食作物的通称。直到隋唐时水稻生产发展，粟在全国粮食生产中的地位才有所下降，但在北方地区仍不失为农民的主粮。

粟是耐瘠作物，吸肥力强。战国时《吕氏春秋》有"今兹美禾，来兹美麦"，北魏《齐民要术》指出："谷田必岁易"，说明很早已知粟宜轮作，忌连作。粟性耐旱，较能适应黄土高原的干旱条件，但仍需必要的水分供应。魏、晋时已趋完整的耕-耙-耢整地体系，就是适应北方抗旱保墒需要，保证粟生长良好的重要技术。《齐民要术》等农书中对粟进行中耕的必要性阐述甚详。至清代，《知本提纲》指出："禾赖中根以生。然浮根不去，则中根不深，不能下吸地阴，上济天阳，则子粒干缺，所收自薄。故锄不厌频"，已从当时的经验认识水平上，将中耕的作用与植株吸收地下水分和利用阳光联系起来。关于粟的品种选育，西晋文献记载有10多个，至《齐民要术》中收录的达86个，包括了诸如早熟、晚熟、耐旱、耐水、耐风、有毛、无毛、脱粒难易、米质优劣等不同性状，反映了当时选种工作的发展和品种多样化。

历史上关于粟的诗词记载有很多，在许多朝代，粟都是重要的农作物，多次出现在文人墨客的笔下，多成为农民辛勤耕作的代表，几千年来也见证了历史的发展。

《悯农》

唐·李绅

春种一粒粟，秋收万颗子。四海无闲田，农夫犹饿死。

锄禾日当午，汗滴禾下土。谁知盘中餐，粒粒皆辛苦。

《纳粟》

唐·白居易

有吏夜叩门，高声催纳粟。家人不待晓，场上张灯烛。

扬簸净如珠，一车三十斛。犹忧纳不中，鞭责及僮仆。

昔余谬从事，内愧才不足。连授四命官，坐尸十年禄。

常闻古人语，损益周必复。今日谅甘心，还他太仓谷。

（2）黍

黍亦称"稷"或者"黍稷"，栽培稷是人类最早的、也是最容易驯化的农作物，也是起源于中国最早、比粟的起源还要早的农作物。为此，古人又把稷列为五谷之长、百谷之主。公元1世纪东汉班固撰《白虎通义》记载："人非土不立，非谷不食。土地广博，不可偏敬也，五粹众多，不可一一而祭也，故封土立社，示有土也。稷，五谷之长，故立稷而祭之也。"将稷作为祭祀祖先的供品，以表达不忘先祖给后代带来赖以生存食粮的恩德。此外，公元1世纪东汉的《汉书》也记载："稷者，百谷之主。所以奉宇宙，共粢盛，古人所食以生活也。"公元11世纪末期北宋的《毛诗名物解》记载："稷，祭也，所以祭，故谓之穄。"穄和稷同音，由于稷作为祭祀祖先的供品。所以后人又以稷引申出穄来，其实都是指同一种作物。但说明稷在人类历史长河中年代的久远。华夏民族的始祖最早也是以黍稷教稼于民。在羊头山的清化寺内挖掘出石碑，碑文曰："此山炎帝之所居也，炎帝遍走群山，各尝百草，届时一所获五谷焉。炎帝在此创立耒耜，兴始稼穑，调药石之温毒，取黍稷之甘馨，充虚济众。"说明在6 000多年前的古代，华夏民

族最早的祖先炎帝，以农耕为主，教民稼穑，开创了以黍稷为主的农耕生产。

黍稷在我国各大名著、农书中的记载最多。《诗经》是反映我国西周到春秋时代的一部古诗，是我国现存古籍中最早而可靠的经典，被视为反映先秦的社会资料。这部古诗提到最多的也是黍（28次）稷（10次）。从这部诗的一些篇章中也可以看出黍稷在当时的重要性。《豳风七月》记载："九月筑场圃，十月纳禾稼，黍稷重穋，禾麻菽麦。"《鲁颂·闭宫》记载："有稷有黍，有稻有秬。"《王风·黍离》记载："彼黍离离，彼稷之苗，彼黍离离，彼稷之穗，彼黍离离，彼稷之实"，这说明黍和稷的苗、穗、籽粒的形态是一样的。《小雅·出车》记载："昔我往竞，黍稷方华"。《小雅·华黍》记载："时和岁丰，宜黍稷也"。《小雅·楚茨》记载："我蓺黍稷，我黍与与，我稷翼翼"。《小雅·莆目》记载："黍稷稻粱，农夫之庆"，还记载了"以御田祖，以祈甘雨，以介我黍稷"，强调了为求黍稷丰收而祭祀农神。

除《诗经》之外，还有其他古农书也追述了以往农业兴盛时也是以黍稷长势之好作为标志的。如商周时期的《尚书》就记载了："隋农自安，不昏作劳。不服田亩，越其罔有黍稷"，"黍稷非馨，明德惟馨"。东周春秋时期的《国语》记载说："黍稷无成，不能为荣，黍不为黍，不能蕃庑，稷不为稷，不能蕃殖，所生不疑，唯德之基"。西汉的《焦氏易林》记载："仓盈庾亿，宜稼黍稷，国家富有，人民蕃息。操侣乡亩，祈贷黍稷，饮食充中，安利无咎。切切怛怛，如将不活，黍稷之恩，灵辄以存，黍稷苗稻，垂秀方造，中旱不雨，伤风枯槁。黍稷醇礼，敬奉山宗，神嗜饮酒，甘雨嘉降，黎庶蕃殖，独蒙福祉。"这些古农书，是继《诗经》后，记载了在公元前1世纪前黍稷在人民生活中的地位，可以看出，从商周到西汉的1700年间黍稷仍然是古人赖以生存的主要食粮。

北宋时期的王安石作有七言古诗《后元丰行》，古诗前几句歌颂了元丰年间风调雨顺的喜人气象："麦行百里不见土，连山没云皆种黍。"描写了连绵千里的麦子覆盖了原野，翻腾着金浪；满山的黍子与云彩相连，散发着芳香。通过麦子和黍子的丰收景象来歌颂元丰五谷丰衍、物产精美的盛况。"连山没云"即无边无际、远与天齐之意，如此广大的原野都种满了黍麦。

描写黍稷的诗词在各个朝代均有出现，或直接对黍的赞美，或通过黍稷的景物描写赞美河川的壮美以及抒发对故乡的思念之情。

《应诏诗》

三国·魏·曹植

芒芒原隰，祁祁士女；

径彼公田，乐我黍稷。

《鲁都赋》选句

东汉·刘桢

黍稷油油，稉族垂芒。

残穗满握，一颖盈箱。

《遣兴三首》其三

唐·杜甫

丰年孰云迟，甘泽不在早，

耕田秋雨足，禾黍已映道。

春苗九月交，颜色同日老，

劝汝衡门士，忽悲尚枯槁。

时来展才力，先后无丑好。

《积雨辋川庄作》

唐·王维

积雨空林烟火迟，蒸藜炊黍饷东菑。

漠漠水田飞白鹭，阴阴夏木啭黄鹂。

《授衣还田里》

唐·韦应物

烟火生闾里，禾黍积东菑。

终然可乐业，时节一来斯。

《秋怀三十六首》

北宋·邵雍

黄黍秋正熟，黄鸡秋正肥，

此物剧易致，古人多重之。

可以迓宾友，可以奉亲闱，

有褐能卒岁，此外何足为。

（3）荞麦

早在2500年前中国就有了种植荞麦的记载。自西周以来的春秋时期、南北朝时期、唐代、宋元时期、明代等各朝各代均有记载。并且对荞麦种植技术亦有记述。尤其在明代对种植荞麦的技术更趋完善。唐代以后对荞麦的药用和治疗疾病的作用亦有了记载。

唐以前，荞麦的种植似乎并不普遍，《齐民要术·杂说》中虽然有关于荞麦的记载，但现在一般认为，"杂说"并非贾思勰所作，而可能出自唐人之手。有

说《齐民要术·大小麦第十》附出的"瞿麦"即荞麦，但仅是一家之说。农书中关于荞麦最为确切的记载则首见于《四时纂要》和孙思邈《备急千金要方》。同时，荞麦在有关的诗文也累累提及。因此，一般认为荞麦是在唐代开始普及的。

唐代随着荞麦种植的普及，荞麦栽培技术也得到了总结。《杂说》的篇幅不长，可唯独对于荞麦的记载却很详细。《杂说》首次记载述了荞麦的耕作栽培技术，并特别强调适期收获。"凡荞麦，五月耕；经二十五日，草烂得转；并种，耕三遍。立秋前后，皆十日内种之。假如耕地三遍，即三重著子。下两重子黑，上头一重子白，皆是白汁，满似如浓，即须收刈之。但对梢相答铺之，其白者日渐尽变为黑，如此乃为得所。若待上头总黑，半已下黑子，尽总落矣。"这表明当时人们对于荞麦的成熟特性及其后熟作用，已有所认识。《四时纂要·六月》有"种荞麦"一条说："立秋在六月，即秋前十日种，立秋在七月，即秋后十日种。定秋之迟疾，宜细详之。"

宋代有关荞麦栽培技术的记载不多，但宋人对于荞麦的生理生态方面，却有不少的认识，北宋陈师道在《后山丛谈》中提到了荞麦与气候和物候的关系，"中秋阴暗，天下如一。荞麦得月而秀。中秋无月，则荞麦不实"。颖谚曰："黄鹂噤荞麦斗。夏中候黄鹂不鸣，则荞麦可广种也"。朱弁在《曲洧旧闻》中对于其形态和生态有详细描述，其曰："荞麦，叶黄、花白、茎赤、子黑、根黄，亦具五方之色。然方结实时最畏霜。此时得雨，则于结实尤宜，且不成霜。农家呼为'解霜雨'"。元代对于荞麦栽培技术又有了新的认识。一是在播种量和播种方法方面提出"宜稠密撒种，则结实多，稀则结实少"。二是针对荞麦的易落粒的特性，在收获方法做了改进，采用了推镰收割，王祯《农书》说："恐其子粒焦落，乃用推镰获之。"《农器图谱》中还详细地介绍了推镰的构造和功用，可以看出推镰是最早的一种收割机，而荞麦则是最早使用机械收割的作物。

荞麦的栽培比较简单，因为它的全生育期极短，可以在主作收获后，补种一熟荞麦，既增加复种指数，又便于与其他作物轮作换茬。这种情况在明清时期比较普遍。《天工开物》说"凡荞麦南方必刈稻，北方必刈菽稷而后种"。《农圃便览》也说收稷后"将地种荞麦"。《马首农言》亦说"荞麦多在本年麦田种之"。明代《养余月令》、清代《救荒简易书》等都指出荞麦可与苜蓿混种，至"刈荞时，苜蓿生根，明年自生。"《农桑经》主张"田多者，年年与菜子夹种"。

从唐朝开始，各个朝代都不乏关于荞麦的诗词。

《村夜》
唐·白居易

霜草苍苍虫切切，村南村北行人绝；
独出门前望野田，月明荞麦花如雪。

《悯农》
宋·杨万里

稻云不雨不多黄，荞麦空花早着霜。
已分忍饥度残岁，更堪岁里闰添长。

《泰中秋月三首》
北宋·苏轼

岂知衰病后，空盏对犁栗。
但见古河东，荞麦如铺雪。
欲和去年曲，复恐心断绝。

《荞麦花》
清·管缄若

秋雪絮杨柳，秋雪秀蒹葭；
晚夏何处雪，连畦荞麦花。

❸ 现代文学作品

近现代以来，也涌现出很多歌咏赞美敖汉传统旱作农业的文学作品，包括一些歌曲、诗歌、散文等，广为流传，在敖汉旱作农业文化传承方面起到了不可磨灭的作用。

（1）歌曲一：《敖汉小米香天下》

（注：《敖汉小米香天下》由敖汉报社李秀军社长、农业局辛华局长作词，中国著名作曲家卞留念谱曲。）

《敖汉小米香天下》
（歌词）

粟之源在敖汉　　　　　　　　日月星辰播岁月
天撒珍珠八千年　　　　　　　刀耕火种煮炊烟

谷之源在敖汉	小米香天下
地育珍珠八千年	生命摇篮爱无边
春夏秋冬耕原野	敖汉小米香
晓风暮雨洗关山	小米香天下
敖汉小米香	天下粮仓好家园
小米香天下	敖汉小米香
养育中华情无限	小米香天下
敖汉小米香	天地大爱满人间

（2）歌曲二：《小米赞歌》

《小米赞歌》

（歌词）

作者：浩龙

有一个古老神奇的地方

那里是小米的故乡

巍峨矗立的大青山，孕育了黍粟之源

潺潺流淌的孟克河，滋润着谷穗弯弯

全球五百佳的小米，满园飘香营养赛参汤

世界农业遗产地的小米辉煌灿烂

养育中华儿女八千年

说唱：塞北敖汉好地方，史前文明露曙光，龙祖玉源叫得响，中华祖神震八荒，秀美山川好风光，孕育世界米之乡。敖汉小米远，天撒珍珠八千年，敖汉小米多，黑白黄绿慢慢说，敖汉小米好，男女老幼当个宝，敖汉小米香，小米营养赛参汤，赛参汤。八千年的故事，八千年的文明，八千年的小米，敖汉因你美名扬，美名扬！

小米香是回家的期盼

母亲的声声呼唤萦绕心间

小米啊，小米，颗颗似宝石一般

游子回家的路儿不再遥远

小米啊，小米，粒粒是生命的源泉

你的香气儿溢满人间。

以上两首歌曲的创作背景：敖汉旗是小米的故乡，谷子的发源地。敖汉旱作农业系统2012年被联合国粮农组织列为全球重要农业文化遗产，2013年又被农业部列为第一批中国重要农业文化遗产。原本已声名远播的敖汉小米，自此又被赋予了厚重的8 000年农耕文化内涵，人们消费的粮食，由此被打上了文化的烙印。

（3）诗歌《小米大爱》

《小米大爱》

作者：靖妍

粟源的流传

儿女的心愿

小米的香气萦绕于鼻间

让回家的路不再迷失

我心荡漾

八千年的故事，八千年的文明

从这里开始

小米啊！小米，世界农业的遗产

小米啊！小米，天撒珍珠八千年！

颗颗如宝石一般，

养育了代代儿女

愿祝我们的小米永远能让男女老少

笑容定格一瞬间

心中的门闸

从这里打开

记忆的宝册

从这里翻开

金灿灿的小米，是生命的源泉

愿祝我们的小米，让世界人民开颜

心灵的悸动

熠熠的光辉

美丽的画卷

那些属于小米的光辉岁月

啊！小米，中华民族的瑰宝

愿祝我们的小米香气溢满人间

（4）散文一：《敖汉小米颂》

《敖汉小米颂》

作者：徐亚光

宇宙洪荒，远古杳渺；时空浩瀚，茫茫无垠，既没有存在也没有非存在。道生一，一生二，二生三，三生万物。物华天宝，英杰为人，人类肇造，生民为先。

民以食为天，何物可餐？寻幽探赜，辨之觅之，以言难状其艰。小米可餐，何来？源于粟。粟，亦称谷子。因其颜色澄黄而市价企高需求日旺，被誉为"金粟"。上古，粟立无际荒原，茎直叶似披针而饰毛，尺长之穗状类圆锥花序，子实或圆或椭圆型，去壳谓之小米。小米为舌尖口福多种多样，作成小米干饭小米粥，碗内米粒金黄莹润，飨宾宴朋，列珍馐佳肴而不忝，席宴灿灿。白菜叶上涂酱，放上大葱、香菜等佐料，和小米饭包裹在一起，名之曰"打菜包"，其味其香诱人，食之者不知不觉吃超饭量，餐后拍腹频频陶陶乐享。小米富含营养，老少妇孺皆宜，羸弱之身或产妇于哺乳期食用小米粥补益身体甚佳。

饮水思源，粟源在何？八千年前地球之上，敖汉先祖于老哈河畔响水之滨，饮血茹毛刀耕火种，为生民不辞万苦历尽艰难。睿智筛选百禾而金粟胜出，遂敖汉小米华诞。在兹，小河西文化闪烁新石器时代曙光，兴隆洼文化诞生；赵宝沟陶罐呈现"中华第一凤"娇容，红山文化发端；众口皆谓之玉祖龙源。百鸟欢歌唱生民惠得其福，万木葳蕤乐众生荣享其祉。月印山坡耕地恒显圣祖劳作之英姿，日昭人类史册永彰首择金粟之慧光。八千年金粟繁衍绵延，惠施四方而生德赫赫。人文化成，万年新天立新功；小米加步枪，毛泽东率中国共产党创建中华人民共和国。公元2012年，联合国粮农组织将"全球重要农业文化遗产"奖牌授予敖汉，旗委书记邱文博政府旗长黄彦峰代表60万敖汉人民捧牌傲立于农业文明的巅峰奖坛。"全球环境500佳"奖牌赓添新伴，金牌双双，辉映灿灿。家有梧桐，引凤来仪；木铎金声，云集景从。公元2013年，英国剑桥大学马丁·琼斯先生率专家组莅临赤峰"红山文化"节作专题报告，确立敖汉旗是"世界粟乡""小米之源"。"刘僧米业""八千粟"等荣列敖汉小米优质品牌，"金粟之冠"美誉频传。周虽旧邦，其命维新；苟日新，日日新，又日新；精卫填海，夸父追日。中国梦境，大略滔滔；小康之路，亮丽辉煌；施诸敖汉，富民强旗。21世纪敖汉人秉承先祖之志，联袂精英，汇聚众智，对金粟精心培育，"敖汉小米"和"敖汉荞麦"双获"国家地理标志产品保护"牌匾，对对双双云行雨施播福送健，受惠众生口口裹赞。

人多见海中一粟，少识粟中大海。感恩玄德之天地日月，感恩睿智首择金粟之敖汉先祖，感恩造化众生之敖汉小米，感动于继承创新追求卓越之当代敖汉人及其鼎力襄助者，特于2014年春天以此赋记之歌之。

（5）散文二：《荞麦赞》

《荞麦赞》

作者：刘勍

提起荞麦，众所周知，它是北方一种极为普通的杂粮作物之一。生长期短，将近立秋才播种，60多天还仓。过去在生产队的时候，家乡的山坡地除了种萝卜，就是种荞麦，满坡、满岭到处都是随风摇曳的荞麦花，把坡坡岭岭涂抹得象银装素裹的世界；到了秋天，它先进场，车拉人挑，在诺大的场院里堆出了一座座"小山"，这说明荞麦早熟，有着广泛的适应性，在干旱脊薄的土地上，可以获得比其他农作物较高的收成。

在北方的杂粮中，双井荞麦一直倍受人们青睐，享誉中外。因为它集中种植在纵贯全境的东西一条大川——牛力皋川上，故又被称为"双井牛力皋川荞麦"，经注册成为我国北方绿色食品的王牌。独特的经纬度区位、沙性土壤、光照时间长使荞麦"粒饱、皮薄、面多、粉白、筋高、品优"而驰名，所产荞麦不仅畅销市内外，同时大量出口南韩和日本等地。

荞面，可制多种美味食品。

据古书上记载：宋仁宗在位时，整日的山珍海味吃腻了，总嫌饭菜不香、不可口，一天厨师试着用鸡肉炖蘑菇作汤，把荞面和成大小不一的面疙瘩，放进汤里同煮，做出一道酥而不散，肥而不腻的荤饭端了上来，仁宗吃罢赞不绝口，命

厨师常做此饭，百吃不厌。如今在某一地区就流传有"荞麦疙瘩蘑菇汤，三天不吃想得慌"的传说。其实，荞麦不仅可做疙瘩汤，在我旗各地还有其他多种吃法，如擀皮包饺子、压饸饹、拨拨面、切面条，还可脱粒与大米掺和在一起，按1∶5的比例做成二米饭，饭香可口，营养丰富，也可与高粱米、玉米碴等按1∶3的比例混合煮成粥，黏爽清香，诱人食欲，特别是荞面皮饺子和拨面，别有风味，颇受人们的喜欢，如今"双井拨面"因其风味独特不仅在本旗叫响，同时打入市场还成为国内外客商的抢手货。更为令人欣喜的是以荞麦做主要成分，加工制成的饸饹、涮面、家常面系列产品，已闯入大中小城市的超市，摆上饭店、宾馆的餐桌，成为广受食客垂青的美味食品。

荞麦——绿色纯天然"药疗食品"。

荞麦食品不仅裹腹充饥，经医疗部门研究，它还是绿色纯天然的药疗食品，打开电脑，通过百度进行搜索，发现荞麦含有丰富的维生素E和可溶性膳食纤维，同时还含有烟酸和芦丁（芸香甙），芦丁有降低人体血脂和胆固醇，防治糖尿病和预防脑血管出血的作用。它性味甘平，有健脾益气、消食化滞、开胃宽肠的功效。荞麦中的某些黄酮成分还具有抗菌、消炎、止咳、平喘、祛痰的作用，因此，荞麦又享有"消炎粮食"的美称；另外，荞麦蛋白质中含有丰富的赖氨酸成分，铁、锰、锌等微量元素，比一般谷物丰富，它的膳食纤维是一般精制大米的10倍，所以荞麦具有很好的营养保健作用。

荞麦，通身是宝可广泛利用。

春天，刚出土不久的荞麦芽，质地柔软、微脆，带有宜人的香气。将它采来可以素炒，也可以荤炒；可以做汤，也可以凉拌生食，是颇有风味的菜肴；盛夏时节，荞麦花开，可以养蜂酿蜜。荞麦蜜是我国商品蜂蜜中的主要品种之一。一亩荞麦养蜂产蜜2.5千克左右。荞麦花蜜含葡萄糖达40%，荞麦皮除杂洗净干燥，可用来装枕头。用它做枕芯，冬暖夏凉，富有弹性，透气性能好，松暖舒适，吸潮不发热，明目健脑，消除疲劳；此外，荞麦的根系也很发达，有较强的吸收水肥功能，可提高土壤中磷的利用率，能将土壤中难溶性的钾转为可溶性钾，因此，它又是一种良好的绿肥。

五

传统技术之独特

传统技术绽异彩，农耕传奇续千年。经过漫长的历史沉积，敖汉旗旱作农业系统形成了从播前准备、播种、田间管理、收获及加工的一套切合实际且独具特色的技术体系，是敖汉农民在长期生产中产生的智慧结晶，在敖汉农业文化遗产传承中发挥着重要作用。

敖汉旗有着8 000年旱作农业种植历史，先民们在生产生活过程中积累了大量的技能和经验，通过总结提炼，在栽培技术上也形成了系统的种植措施，形成一套完整的农业生产生活和民间文化知识体系。由于粟和黍等小杂粮多生长在旱坡地上，且株型较小，不便于机械化作业，千百年来保持着牛耕人锄的传统耕作方式。粟和黍种植的田间管理比较复杂，从春播前的耙压保墒到开犁播种再到出苗后的耙压抗旱、人工间苗、除草追肥、成苗后的铲耥灌稠及灭虫等，直到收割入场，要经历一系列的生产过程，从中可以看到传承几千年的原始农业的影子。

在敖汉旗旱作农业系统中，经过漫长的历史沉积，从播前准备、播种、田间管理及收获，形成了一个完整的体系，这体现了敖汉农民在长期生产中产生的思想智慧。

（一） 良好的开端——播前准备

播前准备主要是肥、种、农具三项，但在后来延续过程中，农民加入了对土壤改良一项，形成了现在的肥、种、具、深翻四项内容。

❶ 积肥

农家肥主要有人粪尿、畜禽粪便、秸秆肥、杂肥、牧草绿肥等，一般作底肥使用。农民利用雨天和农闲时间，挖坑积肥，拉土垫圈，清理场院、墙根积土进行积肥。

制肥：采取"五五一"积肥法（五份土、五份骡马粪、一份人粪尿）沤制粪肥。

起粪：每当春秋两季农闲时，农民把沤制好的肥料从粪坑或圈舍用铁锹挖出来，放在出入车方便的宽阔地方，以便能顺利运走。

倒粪：一般在春季化冻后进行，从粪堆一侧用二齿镐头把粪堆刨开，把粪块砸碎砸细，用铁锹锄到一边，继续前一个程序，直到把整堆粪倒一遍为止。

送肥：套上驴或马车，用木板做成四个挡帘，在驴或马车上支好，把粪装入挡帘中，并用铁锹把上面粪拍实，以防在运输中滑落。

培堆：把农家肥用车送到田地后，根据施肥量确定粪堆的距离和数量，把农家肥卸下车后，用铁锹把肥堆拍圆拍实，以防被风揭走。

❷ 选种

留种：庄稼人找好穗做来年的种子，今年留种明年种。自留种之所以不会退化，是因为庄稼人有一套自己的留种方法：每到收获的季节，他们都会优中选优，从长势最好的田块中把籽粒最饱满、穗子最大的植株挑出来，做成谷扎子，挂在房子通风地方，以备来年用。这样年年地重复着同样的方法，依靠大自然的考验和人工的严苛挑选，留下来的自然是抗逆性好、又最适合当地环境的种子。

晒种：播种前4~5天晒种，通过阳光直射，杀死病虫菌。

选种：通过风选、水选，把秕粒去掉，保护出苗率。

拌种：用药剂拌种，主要防黑穗病和白发病。

❸ 农具准备与检修

需要准备和检修的农具包括：木犁（含犁铧），驴套、套包子、点葫芦头、簸箕、磙子（3个）、粪撮子、粪耙子、铁锹、二齿镐头等。

田间选种（索良喜/摄）

风选种子（索良喜/摄）

盐水选种（索良喜/摄）

套包（索良喜/摄）

❹ 选地整地

谷子选择土层深厚、土质疏松、保水保肥能力强、肥力中等以上的旱平地、缓坡地、一水地和水浇地，前茬作物以豆类、薯类和玉米等作物为好，忌重茬，一般3~4年轮作一次。秋收后深耕深松，并耙糖，深翻18~20厘米。旱坡地冬季进行"三九"碾地，早春解冻时顶凌耙糖。

犁地（敖汉旗农业局/提供）

驴车（索良喜/摄）

（二）春种一粒粟——播种

　　播种适当与否直接影响作物的生长发育和产量，不同作物的播种主要决定于品种特性、温度、湿度、栽培制度、土质和地势。同样都是禾本科的谷子和黍子，在播种时的播种期、播种方式有一定的区别。

　　谷子的种植需要选择壤土、沙质壤土或黏质壤土等土层深厚、结构良好、质地松软的土壤，要求排水良好、具有较高的土壤肥力，有机质含量在1.5%以上的中性土壤。谷子的适宜播种期是5月份。

　　黍的适宜播种期一般在6月中旬左右。播前将精选好的种子摊于席上曝晒2~3天，以提高发芽势和出苗率；为防治黑穗病，要用种子重量0.2%~0.3%的拌种霜拌种堆闷后播种。

　　黍子种子具有后熟作用，播前要晒种，以利出苗。播种方法有条播、穴播和撒播，以条播和穴播为好。条播行距36厘米左右，株距6厘米，每亩留苗2.5万株；山丘地穴播，行、穴距36厘米×24厘米左右，每穴留苗3~5株，每亩约3万株。播种量每亩1~1.5千克，播种深度4厘米。黍应适当密植，以主茎穗为主，使之成熟

开沟

点种和捋粪

整齐一致，但播量过大会影响及时间苗、定苗，一般以每亩1.5千克左右为宜。播种后用石磙砘压2次，平整地播后可进行人工踩实。倘若土壤干燥时播种，下雨后要及时进行砘压，以防上实下虚。播种后如遭严重干旱，土壤

播种（敖汉旗农业局/提供）

干燥，可进行多次砘压提墒，对增加0~20厘米土壤的水分有显著效果。

土壤温度达到10℃时播种。种播深度为2~3厘米。每公顷施农家肥50~60吨，施种肥磷酸二铵50~60千克，抽穗前追肥300~350千克。谷子播种在敖汉旗仍沿袭用马、驴拉犁开沟，用当地称作点葫芦头的点种器点种。点种前，庄稼人总是会在点种器的一头绑上茅草，他们还形象地把这叫"胡子"，绑上胡子最大好处就是：种子流下来会顺着茅草的缝隙均匀地散开。点种人用木棍敲击点种器中部，种子就流下来了，一个成熟点种人把种子点播均匀，可以免去以后间苗的麻烦。

点完种后，有人把农家肥均匀撒在播种沟内，称之为挎粪，然后及时打簸滗，也就是覆土，防止跑墒。接着再用磙子镇压2~3遍，播种结束。

镇压（索良喜/摄）

（三） 汗滴禾下土——田间管理

播种是基础，管理是关键。以恰当的方式，在最适宜的时间对黍粟进行田间管理，可以为其生长创造良好的条件。经过多年实践积累，从间苗、中耕松土、追肥、病虫害防治到培土，敖汉旗已经形成了一套切合实际且独具特色的田间管理技术体系。传统田间管理技术的传承与发挥，对敖汉旗夺取杂粮丰收发挥着重要作用。

❶ 间苗

间苗，敖汉农村地区称为薅地，通过人工把苗间开，并用小锄头把杂草除去，起到松土作用，促进根呼吸。苗2~3片叶时压青苗1~2次，促苗壮。3~4叶时间苗，锄草松土，旱坡地亩留苗2~2.5万株，平地2.3~3.5万株，肥沃的水浇地3~3.5万株。幼苗5~6叶时定苗，谷子多为条播（用犁开沟成直线播种），垄距0.40米，间苗用大锄砍（同耪地一并进行），俗称"大开膛"。

间苗（敖汉旗农业局/提供）

❷ 中耕

苗7~8片叶时要进行清垄，生育期要中耕锄草3遍以上。作到"头遍浅、二遍深、三遍四遍不伤根"。拔节以后要稠地培土，浇1次水。

用锄头松土，称之为耪地。俗话说，锄头底下有火也有水，通过锄头松土，可以起到抗旱保墒的作用。

耘地，是利用耘锄把地松土，增加根呼吸能力，促进苗生长。

趟地是用犁把土翻起，把谷子根部用土护住，起到抗倒伏的作用。

耘地（徐峰/摄）

锄地（敖汉旗农业局/提供）

❸ 防病防虫

谷子、黍子、高粱、荞麦、葵花、花生、豆类等等，这里的人们总能在恰当的时节种上这些作物。而这看似随意的种植，不仅丰富了人们的生活，也在不经意间成就了一种轮种间作的科技。插花种植对防病防虫是有好处的，各种杂粮错落无序的种植，恰恰成就了生物的多样性，而物种间相互依存彼此制约，不仅抑制了病虫害的爆发，还能使土壤环境达到自然平衡，因此不需要太多的人为干预。依靠自然生态的调控，这里的作物就可以从土壤中获取它们所需要的营养。

多作物套种（王贵东/摄）

（四）秋收万颗籽——收获

收获最重要是把握黍粟的成熟度，收获过早，则影响产量；收获过晚，则易脱粒。运输和贮存不得当，会造成损失。在长期生产实践中，敖汉人已总结出一套收获经验，从收割、运输到贮存，每个环节都蕴含着无穷的智慧，即做到颗粒归仓，又做到贮存完好，充分地体味到丰收的喜悦。

收获喜悦（徐峰/摄）

谷子收获的适宜时期的标志为：谷穗上90％的谷粒变成本品种的特征色，仅有个别绿粒，谷粒硬度达到能够用手碾出小米而不出粉，下部叶片变黄，顶部有2~3片绿叶，少部分秸秆开始倒折。谷子收获后，在田间或在家中晾晒2天再掐谷，促进后熟。

黍的成熟期很不一致。主穗与分蘖、一穗的顶部与基部成熟时期拉得很长。黍穗过度成熟，穗茎易折断，遇到大风易落粒。但收获过早，往往增加秕粒的比例，降低粒重。一般大部分穗子的籽粒已经坚硬，种皮的青色消失并现出光泽，颖壳黄白色，但茎秆还带绿色，叶片稍具浅绿色时，即可收获。

❶ 遛场院

场院都是在收割前做好，选择地势平坦、宽阔的地方，把土地洒上水后，用碌碡反复镇压，直到光滑没有虚土为止。

❷ 开趟子

谷子收获一般用镰刀收割，一人在前割完后放一堆，后面人割下后直接也放

打捆（敖汉旗委宣传部/提供）

谷个子（敖汉旗委宣传部/提供）

谷垛（敖汉旗委宣传部/提供）

剪穗（敖汉旗委宣传部/提供）

在这堆上，前面的人称作为开趟子。

❸ 打捆

谷子每一堆为一捆，用两把谷子穗子对穗子打成绳状，称之为打褴子，穿过谷堆，两头一拧，掖进谷捆中，就把谷堆把成捆。

❹ 运输

把每一捆谷子穗朝车里摆两行，中间再摆一行勾住，防止脱落。装满车后，用绳子从车前掷向车后，在车后用角锥穿入谷捆里，用角棍把绳子缠绕在角锥上，转几圈后，把整车谷捆牢牢地固定在车上，便于运输。

❺ 码垛子

一般会把谷子把运到自己家的场院。把谷捆穗朝里摆成圆形，码到一定高度后，用几捆谷子封垛，码成圆形。一方面方便防雨，另一方面通风，让谷子尽快风干。

❻ 剪谷穗

又称削谷子，一手拿着谷子，一手用工具，把谷子穗头剪下来，把谷草放在一边，作为牲畜的饲草。

❼ 打场

把剪下的谷穗摊开，用牲畜拉着碌碡转圈

打场图（敖汉旗委宣传部/提供）

扬场（张国锋/摄）

走动，经过多次碾压，谷粒就会从穗子上脱落。持续进行，直到碾净为止。

❽ 扬场

用木板锨，把谷粒扬起，一边扬，一边用扫帚把杂质清扫，谷粒由于重，直接落到地面，而谷糠由于轻而随风飘走，达到谷粒和谷糠分离的目的。

打谷场（韩国春/摄）

❾ 风谷子

用扇车把谷子吹起来，谷糠直接吹走，谷秕粒进入小斗，而从大斗流出就是干净的粮食。

❿ 下场

把已精选干净的谷子装起来，一般用斗和升计量后装入麻袋，把麻袋扛入仓库，称之为下场。斗和升是计量单位，一斗等于十升，一斗谷子约20千克左右。在仓库里，做谷囤，用褶子穴起来，褶子用高粱杆秸出的条子编织而成。

装袋贮存（敖汉旗委宣传部/提供）

（五）"粒"经"磨"难——加工

把谷子放在碾盘上，用驴拉着碾子，来回碾压，把谷子粒脱壳，变成可食用的小米。

传统碾米（敖汉旗农业局/提供）

六

保护发展之未来

　　延续千年薪火，接力历史跫音。在长期的农业耕作实践中，原始的民间文化经过数千年的沉淀，逐步形成了具有地方特色的旱作农业文化，并世代传承。这些非物质文化，指导了农业生产，丰富了人民的精神生活，并伴随着社会的发展，成为社会稳定、文化发展的原动力。把农耕文明传给未来，当代敖汉人自觉肩负起农业文化的保护与担当文化是最好的传承。

（一）现实意义

　　旱作农业以其特有的产品对人类的生存和社会发展做出了重要贡献，也以其特有的重要性在近几十年内受到人们特别的重视。从古至今，旱作农业为人类生产了大量的农畜产品；由旱作起源的麦类、粟类、高粱、棉花、耐旱豆类、玉米、油料、苋和多种牧草，至今仍一直广泛种植。

　　世界干旱半干旱地区总面积为48亿公顷，约占地球陆地面积的35%，遍及世界50多个国家。在全世界14亿公顷耕地中，有6亿公顷耕地位于干旱半干旱地区，占42.9%；只有15.8%的耕地（2.2亿公顷）有灌溉条件。亚太地区的旱地占耕地的3/4。中国的干旱半

旱地谷子

干旱区分布在昆仑山—秦岭—淮河一线以北，包括15个省（市、自治区）的965个县（市），耕地面积为4 555万公顷，约占全国耕地总面积的48%，其中没有灌溉条件的旱地约占这一地区耕地面积的65%。敖汉旗位于干旱半干旱地区。敖汉旗8 000年前遗存粟和黍碳化颗粒的发掘证实了该地是粟和黍的起源地，是我国旱作农业的起源地之一，也是旱作农业系统的代表。

粟和黍是我国北方旱作区抗旱抢种救灾的主要粮食作物，形成了适应干旱、半干旱地区气候和生态环境的生理机制，具有抗旱、早熟、耐瘠薄等特点，成为干旱、半干旱地区发展持续农业的支柱

旱地黍子（敖汉旗农业局/提供）

作物，这就决定了粟和黍在旱作农业中的重要地位。同时，由于粟和黍的营养平衡、丰富，富含蛋白质、氨基酸、维生素以及硒、钙、铜、铁、锌、碘、镁等微量元素，近几年随着人们膳食结构的改变，以粟和黍为代表的杂粮作为理想的健康食物来源，受到了广泛关注。

干旱缺水是一个全球性问题，旱作农业是一个世界性课题。敖汉旗位于北方旱作农业区，干旱是影响该地区农业生产最严重的因子之一。敖汉旱作农业具有悠久的历史和丰富的经验，当地先民们总结了代田、区田等耕作法，形成了以耕、耙、耱为中心的抗旱保墒耕作措施。特别是在节水技术上，形成了以改土蓄水为中心，垄埂打堰，减少地表水土径流量，结合深耕，加厚耕层活土层，提高土壤蓄水纳墒能力。敖汉旱作农业系统还形成了由多耕到少耕免耕、直接播种，由表层松土覆盖到残茬秸秆覆盖，逐步提高保土、保肥、保水效果和农业产量的

技术模式，有效地解决了土壤风蚀、土壤培肥与增产问题。同时，采取休闲耕作制、轮作制既遏制住了旱地退化、沙化的态势，又确保了土壤基础地力的可持续改进与农作物产量的稳步提高。

（二）面临问题

随着现代农业技术的引进，加上经济快速发展及城镇化、工业化，劳动力数量与素质、传统作物品种与耕作方式都面临着挑战，威胁到传统旱作农业系统的稳定与发展。

❶ 粟和黍的价值还没有得到充分体现

由于粟和黍良好的遗传特性、丰富的营养价值、独特的旱作技术、以及深厚的文化底蕴等，有着很好的开发利用潜力。敖汉旗旱作代表作物粟和黍的种植面积一直比较稳定，但是一直以来都被作为救灾、避灾作物进行种植，很少进行深层次开发和研究，因此其价值没有得到充分体现。

❷ 传统品种投入产出比例失衡

传统粟和黍品种苗期管理劳动强度大，难以规模化、集约化生产。以谷子为例，谷子是小粒半密植作物，精量播种困难，多分散在丘陵山区，机械操作困难；谷子籽粒小，顶土能力弱，千百年来我国谷子生产采用大播种量，再通过人工间苗达到适宜留苗密度的栽培方式；加上普通谷子品种缺乏适宜的除草剂，谷田除草靠人工作业。人工间苗、除草导致人工劳动繁重。而在繁重劳动之下，农产品的价格始终不高，通过农业系统所获收益相比工矿业低。

❸ 现代农业技术的冲击

杂交品种的推广、化肥和农药的使用等现代农业技术，都对传统黍与粟产生了很大影响，加上现代城市化与工业化的冲击，黍与粟的传统技术与文化趋于消失。引进品种的单产水平相对于传统品种高许多，同时随着现代育种、耕种技术的发展，引进品种的单产水平呈不断提高趋势，从而种植引进品种比种植传统品种经济收益更多。

❹ 传统品种的市场不完善

目前国内对糜子和黄米的深加工能力非常有限，除了有少量企业利用糜子酿酒和制作炒米以外，其他应用都没有形成规模化深加工，糜子作为保健食品走上城市家庭餐桌的历程还很艰辛。一是经营分散，交通闭塞，信息不畅，导致糜子很难进入商品流通领域。二是粟和黍等传统品种在适口性、商品性等方面还有待提高，进一步扩大和完善市场。谷子由于作为干饭消费的适口性不及大米，尽管作为米粥消费的适口性优于大米，还是逐渐从主粮下降到辅粮地位。三是虽然谷子营养价值高且具有明显的药理作用，但是我国谷子深加工尚处于初级阶段，谷子的80%～90%以米粥和干饭的原料消费，没有体现出其应有的食用价值。

❺ 旱地农产品质量安全认证刚起步

农产品质量安全认证，可以有效提高供方的质量信誉，给供方带来更多的利益；可以指导消费者放心选择需要的农产品；可以促进生产企业健全质量安全管理体系，增强农产品国内外市场竞争能力；减少社会重复检查检测费用；有利于保护消费者食用安全。想要让敖汉品牌的小米等杂粮带着8 000年的文化内涵，走向全国、走向世界，做好产品认证是必不可少的环节。目前，尽管小米、荞麦已经成为地理标志产品，但旱地农产品质量安全认证还处于起步阶段，还需要进一步的加强。

❻ 旅游受到季节的限制

敖汉旱作农业系统适合旅游的黄金季节为6~9月份；每年5月之前和10月

之后的半年时间是旅游淡季，游客稀少。旅游淡旺季差异明显，适游时间过短。明显的淡旺季对接待设施、旅游从业人员产生冲击，不利于旅游业持续发展。

旅游业因受到自然、社会等因素的制约，呈现出明显的季节性特征。敖汉旱作农业系统适合旅游的黄金季节为6~9月份；每年5月之前和10月之后的后半年时间是旅游淡季，游客稀少，旅游市场进入"半休眠状态"。旅游淡旺季差异明显，适游时间过短，非常不利于旅游业可持续发展。一方面，景区在淡季面临着比较严重的旅游资源闲置与浪费；另一方面长期面临淡季也不利于旅游人才队伍的稳定和素质的提升、旅游产业规模的扩大。

（三）发展机遇

开发和发展以粟和黍为代表的传统旱作农业产业，不仅可以抵御干旱威胁，应对气候变化，而且可以提高传统旱作农业品种的价值，改善膳食结构，对中国和全球的粮食安全问题意义重大。目前，敖汉旱作农业的保护与发展面临着一系列良好的机遇。

❶ 政府高度重视

近年来，敖汉旗政府对农业文化遗产保护十分重视，根据专家的意见，多次组织研讨会和学术交流会，并派专员到相关地区进行学习考察，同时成立了敖汉旗农业文化遗产保护与开发管理局，全力保护这一珍贵古老的文化遗产。制定了《敖汉旱作农业系统保护与发展规划》，全力实施好农业文化遗产保护与发展工作，大力发展优质谷子产业，加快推进品牌优势向经济优势转化，走出一条保护传承与经济发展和谐共赢的绿色崛起之路。

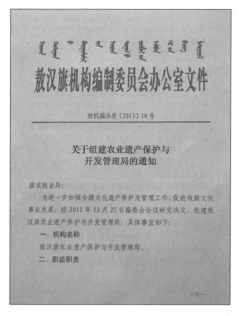

敖汉旗编办文件（敖汉旗农业局/提供）　　敖汉旱作农业系统保护与发展规划

❷ 社会广泛关注

在国际和国内，农业文化遗产的保护与发展都越来越引起更广泛的关注。2002年开始，联合国粮农组织开始组织对农业文化遗产这一新的世界遗产类型进行研究，包括其动态保护思路和适应性管理的途径，并已经在世界范围内评选出31个全球重要农业文化遗产地。我国农业部也相继于2013和2014年共评选出39个中国重要农业文化遗产地，这些传统农业系统被选为全球重要农业文化遗产地或中国重要农业文化遗产地之后，大大提高了知名度，并产生了明显的经济与社会效益。这对于敖汉旱作农业系统的保护无疑是一个极好的机遇。

敖汉旱作农业系统正式被联合国粮农组织列为全球重要农业文化遗产，成

农业文化遗产标志牌

为世界上第一个旱作农业文化遗产。这是敖汉旗继2012年荣获联合国环境规划署"全球环境500佳"后获得的又一项国际殊荣。

在中科院地理资源所的大力支持和帮助下，敖汉旱作农业系统2012年正式被联合国粮农组织列为全球重要农业文化遗产，成为世界上第一个旱作农业文化遗产。这是敖汉旗继荣获联合国环境规划署"全球环境500佳"后获得的又一项国际殊荣。在2013年，敖汉旱作农业系统又被农业部列入第一批中国重要农业文化遗产。

联合国粮农组织官员为敖汉旗
政府授牌

全球重要农业文化遗产——敖汉旱作
农业系统

中国重要农业文化遗产授牌仪式
（最左边为敖汉旱作农业系统）

中国重要农业文化遗产——内蒙古敖汉旱
作农业系统

❸ 独特的遗传资源

农业物种资源是保障粮食安全的重要战略物资，保护它就是保护人类的饭碗。敖汉旗有着独特的旱作农业物种遗传资源，以粟和黍为代表的丰富多样的

旱作农业品种为农作物种子资源
的保护提供了条件，尤其是具有
8000年历史的粟和黍，在漫长的
进化过程中具备了抗旱、耐热、
耐盐碱、耐瘠、早熟的优良农艺
性状，对于遗传多样性的保护有
着重要的意义。

大地旋律（韩殿琮/摄）

④ 旱作农业社会生态效益突出

　　旱作农业技术模式的应用是中国农业，尤其是北方地区克服水资源短缺，实现农业可持续发展的必然选择。旱作农业技术的发展实现了水资源的高效利用与较高的农作物产量的同时，还实现了农业生态环境的逐步改善。其经济效益主要包括两个方面：以节水效益为代表的资源节约效益和以高产为代表的生产效益。其生态效益主要表现在水土保持和生态环境保护两个方面。旱作农业可以通过合理的农作制度、节水措施和旱作农艺技术有效地减少水资源浪费，涵养水源，防止水土流失保护生态环境，因此旱作农业生产方式对促进当地生态环境建设具有积极作用。

⑤ 民众的食品安全意识提高

　　随着农业生产水平的提高，粮食数量安全问题已经得到了很大程度上的缓解，目前的粮食安全问题已经逐步转变为农产品质量安全问题，农业生产也已经逐渐从粮食数量的保障发展到对农产品生态健康的高质量要求再发展到文化饮食。农产品中农药残留直接危害人们的身体健康，农药残留造成的中毒事件不断出现。在这样的严峻形势下，人们开始探索无公害食品、绿色食品和有机食品的发展。在敖汉旗这片土地上生产出来以粟和黍为代表的旱作农业产品，都是生产过程中不施用化肥农药的绿色食品，而且融合了深厚的文化底蕴，正好符合了现代人们对食品安全的要求。民众对于来自于农业文化遗产地的产品有着更高的信

任度。目前，敖汉旗已经认证无公害小米品种8个，绿色小米品种10个，有机小米品种8个，已认证面积30万亩。

❻ 旱作农业产品的开发潜力大

敖汉旗的丰富多样的旱作农业具有很大的开发潜力，就以黍来说，黍不仅仅是抗旱救灾的重要农作物，通过更进一步的研究开发和转化，其发展潜力是很大的。除了食品业之外，还可以应用于制酒业、制革业、笤帚业、鸟饲料、褥垫等。另外，黍还可以做生产生物农药的载体来生产完全无公害的用来防治飞虱、叶蝉、蚜虫的生物农药。

❼ 旱作农业产业化发展迅速

经过几千年的培育和传承，敖汉地区的粟、黍类种植更加规模化、系统化，谷子加工企业也遍布全旗各乡镇。近年开发出的，"兴隆沟""孟克河""八千粟"等各类杂粮品牌，年加工能力在10万吨以上，随着种植加工技术的不断提高，已经形成了独具特色的地方产业。企业为杂粮杂豆生产经营提供多功能、全过程、全方位的服务，产供销一条龙，实现生产、加工、储运、销售一体化。近几年，敖汉旗政府着力推进农业产业化经营，加强优势农产品基地建设，做大做强杂粮产业，建起了多家杂粮种植合作社，成为杂粮产业发展的生力军。目前，敖汉旗已经同中国国际贸易促进会、中国农产品加工专家评价中心等多家单位签订了长

杂粮专业合作社

期的供销合同，并经中国农业大学有机农业技术研究中心的专家指导，北京东方嘉禾认证中心的有机认证，中国有机农业产业联盟的推荐，敖汉品牌的小米等杂粮将带着8 000年的文化内涵，走向全国、走向世界。

（四） 未来策略

❶ 建立农业文化遗产保护区

从农业物种与其他物种多样性保护、传统农耕文化保护，到农业发展、生态旅游发展等各个方面开展敖汉旱作农业系统的保护与发展工作，调整保护区结构，形成核心区、缓冲区、辐射区三级保护体系，在核心区重点保护，发展有机农业，建立生态农业示范基地，逐步辐射到全旗。

在保护区内，实行集中种植，形成规模生产。统一基地建设的生产标准，确保基地建设高起点、高标准、高效益，并按照国际市场的要求实行生产规范化、标准化。加强质量检测，做到产品安全、优质。组建一批实施现代企业制度的、实力雄厚的专业性和综合性龙头企业，与发展杂粮相关的科研、种植、加工、贸易等方面有效地组合起来，形成新型产业集团，走"产、供、销"相结合的路子，推动杂粮产业的开发创新。在主产区逐步建立和扩大优质杂粮生产基地，建成杂粮的生产、加工和销售产业链、流通链。

❷ 建立以生态补偿为核心的激励机制

政府制定合理的农业生态补偿措施以及有针对地加强生态环境建设对高效发展旱作节水模式有较大的促进作用，有利于社会效益和生态效益增长。一是政府制定优惠政策。如对种植传统品种杂粮的农户每亩进行补贴，给予种苗、薄膜、化肥等有偿支持；二是粮食部门采取多种措施，支持传统品种杂粮生产的发展。如国有粮食购销企业通过发展订单农业，争取农发行贷款，按照优质优价的原则确定订单收购价，引导和扶持农民种植传统品种。

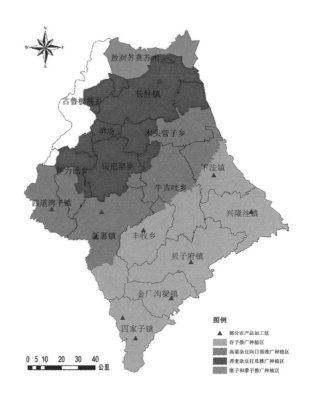

生态农产品种植推广区（中科院地理资源所/提供）

❸ 推进以谷子为重点的杂粮产业规模生产，确保生产质量

建设生态农业基地，计划到2020年，全旗杂粮种植面积达到180万亩，其中谷子100万亩。由旗农业文化遗产保护与开发管理局负责，建立旱作农业品种研究所和旱作农业种质资源基因库，负责旱作农业品种的搜集、整理、保护、研究、繁育、推广，以科学的谷子生产管理标准，按照无公害、绿色、有机农产品标准进行种植。

❹ 延伸杂粮产业链条，建立网络销售平台

依托龙头企业，高起点打造一批技术含量高、附加值高的谷子产品。提高农民的组织化程度，有效衔接谷子生产、加工和销售等各个环节。实现生产者、经营者与顾客由"面对面"到"键对键"的转变。推进"农超对接"，开辟优质农

产品直供市场绿色通道，建立"从田头到餐桌"的新型流通方式。

❺ 打造杂粮产品品牌

深入挖掘以敖汉小米为代表的优势资源，即"全球环境500佳""全球重要农业文化遗产""全国最大优质谷子生产基地""国家地理标志保护产品"的品牌效应，"华夏第一村""龙祖玉源谷乡""中华祖神"的文化元素，市场化运作，大力宣传和打造名优品牌，提高敖汉小米产品的社会知名度和市场竞争力。

❻ 发展旅游休闲观光农业

开发兴隆洼、赵宝沟等以农业文化遗产为主题的旅游区，建设现代谷子产业观光园区，建设生态农业景观，建设世界农业文化遗产展览馆，打造黄羊洼生态农业文化庄园。全面开发遗产地旅游产品，以农业文化旅游促进区域经济发展。

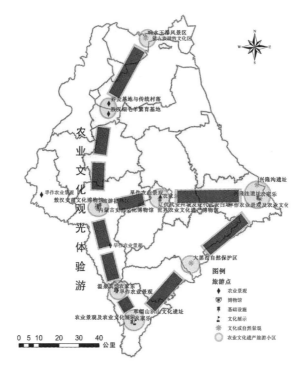

生态文化旅游产业发展带（中科院地理资源所/提供）

瞄准"中国北方杂粮输出集散地、全球重要农业文化遗产地产品生产加工基地、绿色有机杂粮农产品生产输出基地、世界谷种研发输出基地"的目标，计划到2020年，敖汉旗基本形成"技术装备先进、组织方式优化、产业体系完善、综合效益明显"的杂粮产业格局，建成"龙头企业做市场、品牌建设树影响、合作组织抓生产、政府部门做服务、农民实现增收致富"的杂粮产业体系，凭借天然绿色的品质、健康休闲的标志和农耕文明的厚重，让敖汉小米享誉国内外，走向全世界！

中国权威育种专家袁隆平说，小颗粒可以震颤大世界。小小的一粒米，蕴含着超越想象的信息，它天使般降临在我们面前，帮我们撬动大世界，实现新梦想。

敖汉旗旅游规划（敖汉旗文体局/提供）

附录

附录1 旅游资讯

（一）旅游线路与主要景点

❶ 新惠镇内旅游线路

内蒙古史前博物馆–新州博物馆–农业文化遗产博物馆–天成文化园–石羊石虎山公园

（1）内蒙古史前文化博物馆

内蒙古史前文化博物馆位于敖汉旗新惠镇惠文广场北侧，为全国县级最大博物馆，现有馆藏文物6 000多件，其中国家一级文物110余件，二、三级文物600余件，文物标本重达10余吨，馆藏辽墓壁画真品78幅，馆藏文物数量居全国县级博物馆之首。敖汉旗博物馆是国家文物局命名的全国优秀爱国主义教育基地，是内蒙古文博战线的一面旗帜，也是敖汉旗对外宣传的重要"窗口"。

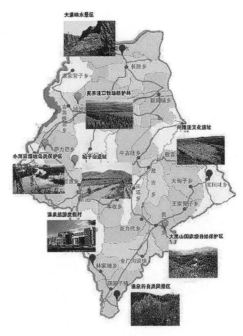

敖汉旗旅游线路（敖汉旗文体局/提供）

内蒙古史前文化博物馆（敖汉旗博物馆/提供）

（2）新州博物馆

新州博物馆位于敖汉旗文博园东侧，总占地面积6667平方米，馆区总建筑面9360平方米，展厅5120平方米，内设石破天惊、圣土神辉、流金岁月、天地之灵4个主题展厅和"敖汉部落"特设展厅。新州博物馆于2010年8月经内蒙古文物局批准并依法登记注册，是敖汉旗首家民办博物馆，2013年被赤峰市委宣传部命名为"市级爱国主义教育基地"。新州博物馆现有馆藏一万余件（套），其中精品达300余件（套），涵盖了敖汉境内发现的小河西、兴隆洼、赵宝沟、红山、小河沿等5种史前文化至辽金元明清时期的文化遗存，文化系列完整、地域特色鲜明，以新石器时代陶器、石器、玉器和辽金元三代瓷玉器为大宗，近万年至明清基本没有断层和缺环，不乏珍品、国宝。

新州博物馆

玉龙（敖汉旗博物馆/提供）

《寻宝走进敖汉》节目现场（赵国利/摄）

玉玦（敖汉旗博物馆/提供）

敖汉旗博物馆（敖汉旗博物馆/提供）

（3）农业文化遗产博物馆

为多角度、多视点地展示8 000年灿烂的敖汉远古文明和在现代文明建设中敖汉大地发生的沧桑巨变，传承8 000年农耕文化，目前正在敖汉旗新惠镇建设农业文化遗产展览馆，目的是进一步展示兴隆洼风采、弘扬敖汉史前文化、传承农业文化遗产，让更多人了解敖汉旗灿烂的农耕文明。世界农业文化遗产博物馆项目由赤峰景泰置业有限责任公司投资建设，计划总投资2亿元，占地46.1亩，主要建设世界农业文化遗产博物馆及敖汉旗特色农副产品展

世界农业文化遗产博物馆

厅一栋,该项目共分农耕器具展示区、农村文化展示区、民俗展示区、敖汉杂粮展示区四个功能区。

(4)天成文化园

天成文化园成立于2011年12月31日,被旗政府纳入"一心三线"即新惠旅游集散中心,有大型古玩城、石器化石馆、玉雕玉石馆等。石器化石馆有小河西、赵宝沟、兴隆洼时期的各类石器,如石铲、石耜等上千件。作为镇园之宝是被誉为目前所知中国最早的琴类打击乐器古石琴,证明了在中国北方近四千年前就已经有打击音乐的形成,对于研究中国音乐的历史提供了不可多得的实物资料。天成文化园藏品,树化玉数量大、种类全、品相好、精品多、意韵深,树化玉2000多块,其中,一重达2.8吨的树化玉是目前出土的保存最好、最大、最完整、称之为辽西树化玉的巨无霸。最近新展出的70厘米高的辽代整身石人像与40厘米高红山石人像,栩栩如生,形态逼真,对研究红山文化、辽文化具有重要意义,吸引了众多古文化研究与爱好者。

天成文化园

(5)石羊石虎山公园

石羊石虎山公园位于新惠镇北的新兴街。公园的主要景点为三山、两亭、一碑。三座石山完全被杏林、矮松掩映覆盖着,青青葱葱,蓊蓊郁郁,山上翠微映日,山高路远,山下楼房林立,屋舍俨然,小镇的风姿尽收眼底。两亭为夕照亭和迎曦亭,夕照亭下屹立着六根水泥圆柱,琉璃檐上飞起尖尖的六角,亭顶的内部装饰着蒙古族风格的花纹、文字,画有龙凤呈祥、青山碧水,迎曦亭为伞状,

石羊石虎山公园

六根圆形的铁柱撑开了一把双层的巨伞，似一枚彩色的多脚蘑菇飘浮在蓝天白云之间。在广场的中心有一座方形的高台，高台之上矗立着一座理石筑成的英雄纪念碑，碑座也是用理石雕刻而成，周围白色的理石栏杆上，雕刻着精美的图案，碑身的南面刻有"革命烈士永垂不朽"几个遒劲的大字。纪念碑的北侧是革命烈士陵墓，雕刻着很多在打锦州、隆化的战役中英勇地献出了自己宝贵的生命的烈士。

❷ 旅游西线

新惠镇–三十二连山–城子山遗址–小河沿湿地–佛祖寺–新惠镇

（1）三十二连山

黄花甸子三十二连山流域位于敖汉旗萨力巴乡黄花甸子村，该流域由三十二个山头相连而成，总面积15 628亩。治理前该流域风沙大、水土流失严重，从1992年开始进行生态环境治理，到1998年累计治理面积15 400亩。完成营造路边林1 200株，农田防护林17 000株，山杏50 000株及油松、落叶松、沙棘、大枣等树种76 000株，同时在梯田埂的埂胯栽条桑15万株。通过近几年的治理，使该流域的生态环境大有改观，土地沙化、水土流失得到了有效控制。使之出现了三十二连山绿色一片，林网道道相连的喜人景色。

黄花甸子三十二连山（敖汉旗委宣传部/提供）

（2）中国北方最大的祭祀中心——城子山遗址

城子山遗址是上世纪末闻名国内外的一次重大考古发现。它位于敖汉旗萨力巴乡哈拉沟村之

北方最大的中心祭祀址——城子山遗址
（敖汉旗委宣传部/提供）

东山与玛尼罕乡交界处的大山顶部，其东南为巍峨起伏的群山，北为宽阔的科尔沁沙丘平地，距敖汉旗政府所在地30公里。遗址主体分布范围6.6平方公里，这是一处4 000年前以祭祀为主，并有防街、居住、守卫、嘹望等多功能夏家店下层文化超大规模山城，四周砌筑石砌围墙，并有石砌护坡，全城

城子山遗址（敖汉旗文体局/提供）

设有9门，石墙周长1 310米，宽2米，从城内平面布局和城表石砌遗迹看，可分6个区，既东、西、南、北区，东南区，区与区之间又有石墙相隔，以门道相通出入。内有石砌建筑232个，在城北、东发现成排的石群，自然磨光石块，西南发现——巨型石雕猪首。面向正南方的鸭鸡山，这些重要的发现对于探讨国家和城市的形成、古代社会的演进、变革都具有重要的意义，2001年由国务院公布为全国第五批重点文物保护单位。

（3）小河沿湿地

1998年9月，经敖汉旗人民政府批准，成立了小河沿旗级自然保护区，2000年12月，被自治区人民政府批准为自治区级自然保护区。小河沿湿地处于内蒙古高原向松辽平原的过渡带上，地貌以黄土丘陵为主，多低山、丘陵，地势相对低洼平坦，平均海拔550米。夏季雨水集中，冬季干燥少雪，年降雨量344.3毫米。土壤为盐碱化潮土，特别适合芦苇、河柳、苔草等植物的生长。湿地内具有水域、沼泽、草地、林地、农田等多样的生态系统，为鸟类的栖息繁衍创造了良好的生态环境，种类十分丰富。湿地内具有河流、湖泊、高草丛湿地、河漫滩草丛湿地、疏林灌丛湿地、水浇地等多种景观生态类型，不仅为人们的生产、生活提供多种资源，而且具有巨大的环境功能与效益。在抵御洪水、调节径流、蓄洪、防旱、控制污染、调节气候、控制土壤侵蚀、美化环境等方面具有不可替代的作用，是各种珍稀鸟类的理想家园。

小河沿湿地万鸟齐鸣
（敖汉旗委宣传部/提供）

小河沿湿地
（敖汉旗委宣传部/提供）

（4）佛祖寺

佛祖寺位于敖汉旗四道湾子镇境内，是近年开发的旅游景点，因建有东北和

内蒙古地区最大的佛祖寺和财神殿而知
名，建筑规模和工艺水平在国内罕见。
佛祖寺内分别供奉如来佛、药师佛、阿
弥陀佛、观音、地藏、文殊、普贤四菩
萨和弥勒佛祖。佛祖寺旅游区相临"小
河沿文化"发祥地和自治区级湿地鸟类
保护区，是一处集宗教文化、生态文化
和休闲度假于一体的旅游景点。

佛祖宝刹观光圣地
（敖汉旗委宣传部/提供）

佛祖寺——金碧辉煌
（敖汉旗委宣传部/提供）

佛祖寺——园林秀色
（韩殿琮/摄）

❸ 旅游北线

新惠镇–辽代古塔–黄羊
洼–大漠响水–草原农家乐–
新惠镇

（1）辽代古塔

辽代遗址在敖汉旗共发
现了千余处，是辽代重要的
腹地。辽代武安州和降圣州
均设在这里。武安州是辽太

五十家子辽塔（敖汉旗委宣传部/提供）

祖耶律阿保机兴建的第一个头下私城，也就是由游牧向定居发展、缩小游牧移动
的开始。现在敖汉旗南塔乡白塔子村北保存有一座辽代早期佛塔。降圣州是辽太
宗耶律德光的降生地，意为圣人降生的地方，故名"降圣州"。现在敖汉旗玛尼
罕乡五十家子村西保存有一座辽代中期佛塔。这两座州城和塔已被收录到《中国
文物名胜古迹》一书中。

（2）黄羊洼草牧场防护林

敖汉旗黄羊洼草牧场防护林工程始建于1989年，治理前，黄羊洼地区土地沙
化退化严重，生态环境恶劣，风沙吞噬农田，牧业发展缓慢，群众生活贫困。从

黄羊洼草牧场防护林（敖汉旗林业局/提供）

1989年开始，敖汉旗委、旗
政府启动实施了黄洋洼草牧
场防护林生态建设工程，实
现了人进沙退，出现了绿色
林网片片相连，景色十分壮
观。黄洋洼草牧场防护林的
建成极大地改善了当地生态
环境和生产、生活条件，发
挥了显著的生态效益。目前，

此处正在由内蒙古郭氏庄园有限
公司开发建设"黄羊洼农业文化
休闲园",即将建成集休闲观光、
生态成果展览、农业文化体验和
有机农产品开发于一体的综合旅
游区。

黄羊洼草牧场防护林（敖汉旗林业局/提供）

黄羊湖晚霞（王贵东/摄）

（3）"玉瀑"响水

"玉瀑"响水，当地人称"响水"，除水声奇壮外，石奇还是一景，或如万马
奔腾，或以长剑依天，或像金蟾荡水。响水位于内蒙古敖汉旗北部，距旗政府所
在地90公里，在敖润苏莫苏木与翁牛特旗高日罕苏木接壤的老哈河上。老哈河向
东奔流中，穿越科尔沁沙地的石山，形成闻名遐迩的瀑布。据《清高宗实录》记
载，乾隆帝曾经两次巡幸敖汉，第一次观赏响水景观后，赐名"玉瀑"，并作诗
三首，其中《观敖汉瀑布水》以满蒙汉三种文字刻在响水北岸摩崖上，现虽模糊
不清，但个别字句仍可辨认。此诗全文在乾隆三十八年成书的《塔子沟纪略》上
有准确记载。诗的全文是：

我闻奥区天所秘，疑信向半今信然；浩浩万里沙漠震，乃有瀑水崇岗悬。

车登方若纷竭墶，豁开壶里别有天；侵寻峰岫罗嘉树，渐润涧谷无埃烟。

是日仲秋瀑晶日，忽闻雷声殷前川；坐令林峦失轻籁，朗吟清眺万虑蠲。

大者明珠小者玑，如倾栲栳投深涧；虎狼骇走不敢饮，下疑千载苍龙眠。

巨石横断无土壤，中生美箭奇而坚；山菜红绿如错绣，无名野卉相新鲜。

鸡鹑徘徊不忍去，鼯鼹时向虬枝穿；禹凿龙门来至此，胡乃三级限鲥鲢。

吁嘻泉水诚观止，赏识自我羌谁先？匡庐香炉无足喻，山灵占此永不沾。

设置飞觞搁管地，混沌窍凿应难全。

"玉瀑"响水（庞雷/摄）

乾隆《观敖汉瀑布水》长诗（庞雷/摄）

响水拴马桩与太师椅（张民/摄）

（4）草原农家乐

敖润苏莫苏木是敖汉旗唯一的蒙古族集居的牧区，天然牧场广阔，林草资源丰富，这里有草原、林地、沙地、湿地等众多的自然景观，草原农家乐是在草原上设立蒙古包，由一个大蒙古包和四个中型蒙古包组成，可以用

草原农家乐

餐、享受献哈达、敬酒等礼仪，浑厚马头琴，嘹亮祝酒歌，在草原上回荡，还有骑马、摔跤等体育项目，让你领略草原蒙古风情。

❹ 旅游东线

新惠镇-辽代武安州城址-燕长城遗址-大黑山-大甸子夏家店上下层文化遗址-华夏第一村-中华祖神出土地区-赵宝沟遗址-高家窝铺村史前博物馆-新惠镇

（1）辽代武安州城址

辽代武安州城址位于内蒙古自治区赤峰市敖汉旗丰收乡南塔村，遗址于1996年被内蒙古自治区人民政府公布为第三批全区重点文物保护单位。由于河水冲刷和耕种所致，城垣保存较差，多已不存在，只有北城墙尚依稀可辨，其余为断断续续的灰土带。可见有三重城垣，最外一重保存最差，略呈方形，边长近800米，第二重城垣呈方形，每边长约650米，第三重城垣保存较好，向北回收，略呈方形，边长约270米。城门遗迹已辩别不清。现地表可见的建筑基址多在第二、第三重城址内。城之周围建有三处寺

武安州塔（韩殿琮/摄）

院建址，即与城址相邻的西侧吴家墩遗址，地表可见9处高大的建筑台基，基中村前四个已于1992年被辟为平地，村后5个建筑台基尚保存，西北角一处高达14米，地表采集的多为绿琉璃建筑构件，建筑装饰品，如贴面砖，龙凤雕塑，半浮雕风景，有佛、塔图的构件等，还出土了陶、泥塑的佛像。从遗迹和出土的标本看，是辽早期规格较高的寺院建筑址，有豪华的建筑殿堂。城南台地亦有一处寺院遗址但规模不大，地表仅见砖瓦残片。与城址相对饮马河左岸的一个高岗上有一处寺院遗址，地表仅见有辽代遗物，均为辽代早期建筑，至金、元已废弃，现仅存辽塔一座。塔为八角形密檐空心砖塔，塔刹部分已倒塌，现塔檐残存十一级，残高36米，塔座每边长6.2米，塔身南、北、东、西面为佛龛，其余四面为砖雕的紧棂窗。正南面佛龛已残破无存，露出圆形空腹，其顶部至第一层塔檐处，为尖穹顶，腹壁抹白灰。第一层檐和第二层檐均为仿木结构的斗拱承檐，第三层以上各檐为叠涩式承檐。塔檐向上斜收较大，为早期辽塔型制，塔外壁抹白灰，俗称"白塔"。

（2）燕长城遗址

燕北内、外长城横穿敖汉旗中部丘陵地带，两者大致呈平行走向，相距10~35千米不等。敖汉旗境内燕北外长城西四道湾子镇向东依次经过萨力巴、新惠、丰收、牛古吐、下洼等乡镇，全长120公里，该道长城多为土筑。敖汉旗境内燕北内长城自新惠镇向东依次经过丰收、贝子府、宝国吐等乡镇，全长约82公里。这道长城有石筑和土筑两种，建设就地取材，山地为石筑，坡地和台地为土筑。

燕长城遗址（敖汉旗文体局/提供）

（3）大黑山

大黑山属于鲁努尔虎山脉，位于辽宁省与赤峰市敖汉旗交界处，群峰起伏，多在海拔800米左右，最高峰海拔达1 000多米。大黑山逶迤蜿蜒百十里，连接赤峰、朝阳两地，是敖汉旗与北票的界山。总面积21.5万亩，敖汉旗境内4.7万亩。

夏绿大黑山（敖汉旗文体局/提供）

秋染大黑山（敖汉旗文体局/提供）

大黑山是内蒙高原东部地区现存最完整的原始次生林区，她是东北、华北及内蒙高原动、植物的交汇地。这里最常见的是油松，当地人叫它黑松，还有杵榆桦、白蜡树等30多种珍贵树种；冬青、黄刺玫等数十种花木；党参、五味子等十余种珍贵药材；牧草、山菜、食用菌以及其他植物，可

大黑山奇石怪林（张英杰/摄）

谓"天然植物园"。这里还是野生动物的乐园，常见的有狍子、野兔、蛇、百灵、云雀、锦鸡等。20世纪70年代初，这里建起了鹿场，马鹿、梅花鹿已在这里安家落户，生儿育女。

（4）大甸子遗址

大甸子遗址位于敖汉旗兴隆洼镇大甸子村东1公里的二级台地上。面积为7万平方米，属于4000年夏家店下层文化城址，城内有居住房址和宫殿遗址，墙外有围壕，围壕北侧外为墓葬区。1974年至1983年社科院、考古所进行4次考古发掘，清理墓葬804

大甸子遗址（敖汉旗文体局/提供）

座，出土1200余件精彩无比的陶器、玉器、漆器、骨器、铜器、金器等，倒影出这座城址昔日的繁荣。大甸子城址是夏家店下层文化的枢纽和中心地区之一。大甸子所发掘的各类人物墓葬，复原了三、四千年间的这座城内所住居民的生活情景和他们的社会地位。大甸子遗址以其无与伦比的考古价值于1996年被国务院公布为全国第四批重点文物保护单位。并被评为上世纪中国百项考古大发现之一。

（5）华夏第一村——兴隆洼文化遗址

中外著名的兴隆洼聚落遗址位于敖汉旗宝国吐乡兴隆洼村东南1.3公里丘陵西缘，面积达6万平方米，被誉为"华夏第一村"。它是迄今考古发现的中国新石器时代聚落遗址中保存最完整、布局最清楚，且第一个完整揭露出房址、灰坑和围壕等全部居住性遗迹的聚落。它是中国8 000年建筑史上的奇迹，出现了最为奇特的葬俗——居室墓及人猪合葬，首次发现中国最早的服饰——蚌裙。该遗址出土的石龙为中国最早的实物龙，出土的玉玦是世界上最早的玉器，因此被誉为"龙祖玉源"。兴隆洼文化遗址被评为1992年"中国十大考古新发现""中国八五期间十大考古新发现""二十世纪百项重大考古发现之一"和"第四批全国重点文物保护单位"。

兴隆洼遗址园（敖汉旗文体局/提供）

（6）中华祖神出土地——兴隆沟遗址

兴隆沟遗址位于敖汉旗宝国吐乡兴隆洼村，是一处史前多种考古学文化遗址群。其中第一地点位于村西约1公里的山坡上，属兴隆洼文化中期聚落遗址，距今7600年；第二地点位于村北约300米的缓坡地上，属红山文化晚期聚落遗址，距今5300年；第三地点位于第一地点西、南两侧及隔沟相望的山梁上，属红山文化和夏家店下层文化聚落遗址。遗址总面积4.8万平方米，共发现古代房址145座。考古发掘共清理古代房址38座、居室墓28座、灰坑50多个，发掘总面积4000平方米。发现的玉器

中华祖神出土圣地

（玉玦）被学术界誉为世界上最早的玉器。发现了中国目前所知最早的猪首龙形态。特别是在对植物标本浮选中，发现碳化的粟和黍，经世界早期农耕文明专家鉴定后认为这些谷物距今8000年，比中欧地区发现的谷子早2700年，由此推断敖汉地区是中国古代旱作农业起源地，也是横跨欧亚大陆旱作农业的发源地。因此敖汉旗已被联合国粮农组织命名为"全球重要农业文化遗产地"。在兴隆沟遗址第二地点发现了一尊较为完整的整身陶塑人像，高55厘米，这是迄今已知的第一尊、也是最大的一尊能够完整复原的红山文化时期烧制的陶人像，被专家誉为"中华祖神"。它的发现是中华文明探源工程所取得的重大成果，并再次证明敖汉旗及其附近地区是红山文化的中心地区。

（7）赵宝沟遗址

赵宝沟遗址位于新惠镇高家窝铺村，距今已有6800年至7200年的历史。遗址发现的麒麟陶尊等器物被学术界认定为"中国第一艺术神器"、"中国画坛之祖"、"七千年的一副透视画"，在意识形态和绘画艺术上具有划时代意义。赵宝沟文化是继兴隆文化之后，在西辽河流域取得支配地位，并对红山文化发展产生过重大影响的又一支重要远古文化。其主要经济形式为原始农业，狩猎经济占有一定比重。这一时期先民已存在等级高低之分，社会分工已趋明显，表现出发达的原始宗教信仰和浓重的生殖崇拜。赵宝沟文化遗址2006年被列为第六批中国重点文物保护单位。

赵宝沟遗址（韩殿琮/摄）

（8）高家窝铺村史前博物馆

高家窝铺村史前博物馆是敖汉旗首家民办博物馆–新州博物馆的分支展馆，具有独特的文物考古价值展有50多平方米，展品有186件，都是与赵宝沟文化有

关的文物藏品，主要展出赵宝沟时代的陶器、玉器和石器，在高家窝铺村开办博物馆分支展室，既能够弘扬当地悠久的历史文化和丰富的文化旅游资源，带动当地文化旅游业的发展，同时也彰显了敖汉旗独特的文化底蕴。

高家窝铺村史前博物馆

❺ 旅游南线

新惠镇–温泉度假村–内蒙古龙源博物馆–祥云寺–青城寺–清泉谷–草帽山遗址–红门寺–新惠镇

（1）热水汤温泉度假村

敖汉温泉城位于敖汉旗四家子镇热水汤村，地形为丘陵山谷，有新（惠）—四（家子）公路穿过，北距旗政府所在地新惠镇44千米，南距辽宁省朝阳市60千米，赤朝高速公路从温泉附近通过，位于赤朝高速公路与赤通高速公路连接线上，交通便捷，区域位置优越。根据史料记载，温泉具有300多年开发使用历史，皇姑、贝勒都予以关照和修缮。敖汉温泉城民族风情浓厚。景区地处内蒙古东南部，与东北、中原地区接壤，有利于弘扬蒙古族文化，因此建设了较高档次的蒙古大营，其中蒙古族迎宾、烤全羊、篝火晚会等特色项目吸引了国内外游客。景区接待设施较好，被评为国家AAA级景区，正在申报AAAA级景区。

敖汉温泉城（敖汉旗文体局/提供）

（2）内蒙古龙源博物馆

内蒙古龙源博物馆目前是内蒙古自治区最大的私立博物馆，龙源文化产业园位于内蒙古敖汉旗四家子镇热水汤温泉度假旅游景区内，北距敖汉旗政府所在地新惠镇42千米，南距辽宁朝阳市65千米，西距赤峰市130千米。该园博物馆总投资1.6亿元，总占地面积50亩，博物馆内收藏有古生物化石和新石器时代、青铜时代、战国至汉代、辽至清代的陶瓷、玉石、骨蚌、金属器及壁画等文物8 000余件（套），珍贵文物达300余件。内蒙古龙源产业园区建设是以热水汤温泉旅游为基础，集文物展示、兴隆洼玉石制作过程、文化体验、销售综合服务等为一体的旅游产业区，实现了博物馆与产业园的有机结合。

内蒙古龙源博物馆（李井刚/摄）

（3）祥云寺

祥云寺是敖汉旗地区唯一被国家宗教局批复的汉传佛教寺院，坐落于敖汉旗四家子镇老虎山村，始建于清朝乾隆年间，由清朝热河省拨款兴建。每到农历四月初八有近万人参加开光法会，香火极其旺盛。寺院建有山门殿、天王殿、观音殿、伽蓝殿、护法殿、大殿、东西配房、钟鼓二楼等，后在文革期间被毁。2006年在当地信众的要求下，后经内蒙古自治区宗教局、市民委、旗民委等各级部门的审核批准下，经过不到两年的修缮，在原址重新恢复了古寺容颜。

祥云寺

（4）青城寺

青城寺位于内蒙古赤峰市敖汉旗四家镇牛夕河村，属藏传佛教，始建于清朝元（1736）年，由乾隆皇帝的替身喇嘛扎西日布在康熙年间的一座废寺扩建，原为歇山式建筑，距今已有270多年。乾隆十九（1754）年农历七月十二乾隆帝御驾亲临青城寺，赐给该寺一嵌有八颗红蓝宝石法螺一个，亲题"花香鸟欲语，水清鱼信游"寺联一幅。清光绪十七（1891）年金丹道教事件中该寺院被焚毁。中华民国十三（1924）年在原址重建，重建后的寺庙分前、中、后三重院落，均为五间滚龙脊式的砖木结构房屋。伪满洲国时期寺院萧条。新中国成立后，历经文革等政治运动，寺院破坏严重，只有拉西尼玛（于宝清）和希拉布仁钦（李顺）先后照管残庙。1994年中殿毁于火灾。1995年，赤峰市民宗局对青城寺进行登记注册并批准保留。1998年敖汉旗人民政府批准修复青城寺。同年牛夕河村信教群众自发集资修复了前殿，1999年在社会各界的大力支持下将中殿修复一新；2002年又修复了后殿；2010年6月前殿重建落成。三殿建筑面积300多平方米，均为歇山楼阁式建筑。殿内分别供奉着三世佛、观音菩萨、千手千眼佛和藏传佛教格鲁派创始人宗喀巴等金身佛像，成为塞外一处敬佛祈福、旅游观光的圣地。

青城寺

（5）青泉谷

青泉谷又称碾盘沟，位于四家子镇东南30华里处的努鲁尔虎山山脉腹地。青泉谷自然风景区以山青、水秀、石奇、林密而著称。主要景区东西长约5千米，南北宽3千米，总面积15平方千米。青泉谷山灵水秀，峰峻谷幽，

青泉谷景区（敖汉旗文体局/提供）

清泉谷景区（敖汉旗文化局/提供）   清泉谷秋色迷人（韩殿琮/摄）

周围的状元砚、三叠泉、阎王鼻子、石林照壁、佛观天书，取经归来等神奇景观，让人品味不尽，留连忘返。正可谓"青泉石上流，人在幽中游"。有一位外地游客在游完青泉谷后写下了这样的诗句："尝闻五岳诸峰秀，到此何须觅瀛洲"。

（6）草帽山遗址

草帽山遗址位于内蒙自治区赤峰市敖汉旗四家子镇北1公里的草帽山后梁上，是新石器时代遗址，2013年5月，被国务院核定公布为全国第七批重点文化保护单位。在南北走向约2.5公里的山梁上分布着红山文化积石冢3处，墓地面积达600平方米。石砌建筑十分规整，建筑形式前坛后冢，用琢成方形巨石砌筑的祭坛，层层叠起，有方有圆，匀称有序地筑成三层台阶，距今约5500年左右。被学术界认为是中国现存时代最早的地上建筑之一，是中国最早的"金字塔"，所出土的玉璧是红山文化玉器中迄今所知最明确的方形玉璧，陶器上的米字、十字等刻划符号在红山文化中也属首例。草帽山遗址对研究红山文化葬制、宗教祭祀、社会结构及中华文明起源具有很高的学术价值。

草帽山遗址（敖汉旗文体局/提供）

（7）红门寺

红门寺位于内蒙古赤峰市敖汉旗金厂沟梁镇红石砬自然村内，又名红石砬子山。当地人传说以前山中有个寺，名叫红门寺，后来不知何时寺在山中消失了，红石砬子山因此得名红门寺。山虽不高，但气势不凡，山体湛蓝，群峰竞上，错落有致，特别神奇而壮观，是闻

红门景观（敖汉旗文体局/提供）

名遐迩的胜境。国年间的《建平县志》描绘到："红石砬山，亦名红石峦，四面岩石峭峻，无路可升。正南有门，可容出入，曰红门寺。东面石壁如堵，高矗云表，曰影壁山。上有果木树，所见华实威茂。民国12年自其上坠下小铜佛3尊，为农人拾去。其巅不见有佛龛，亦不知其何以能上置。相传其下有风火两洞，年久湮没。门内平原，大可数亩。有三石鼎立，甚大，俗曰支锅石。有古井一，深不可测，冷气逼人。其南曰棒槌山，亦名两半山。山半有小井、菜畦，下有古洞，曰喇嘛洞。内有小洞口，直上山顶，光洁如磨，俗曰烟窗。其西曰石片山，高峰上有石碑，镌一王字。其下古洞有石坑一，土人名曰神仙洞。西北有洞，壁石俱赤，土人名曰宰牛洞。东北山半有洞曰水泉洞，其北曰月牙山，奇石高悬，宛如新月。峰头石壁高20余丈，壁间有石突出，岚光氤氲，遥望如炉烟，土人谓为香炉。"此处还生发出许多趣事传闻，流传较广的是鹰蛇相斗的实录和罗成平寇的传说。

（二）敖汉旗的饮食

敖汉旗作为旱作农业的起源地之一，除了最为有名的小米粥和荞麦面之外，还有很多其他种类的特色美食：

羊杂汤：主要配料羊肠、羊血、羊肺、羊胃等，炖30分钟，出锅时撒上香菜。

风干肉咸菜片：主要配料风干牛肉、干芥菜片，用油炸而成。

杀猪菜：配料主要有猪血肠、猪前膘肉、农家自晾晒干白菜，用煮骨头汤炖30分钟即成。

韭花汆羊肉：津鲜细嫩美羔羊，爽净纯怡郁韭香，营养丰盈犹益补，滋神润气健身康。选草原放养7~12个月龄羊肉800克切成1.5毫米厚薄片；鲜韭花20克与味精适量放入容量为1 500克的小盆；开水1 000克。将锅放入4 000克水烧开，放入切好的羊肉，开锅后20秒捞出，（在羊肉快出锅时将备好的开水倒入放有韭花的小盆）放入有韭花的小盆即可食用。

铁锅炖笨鸡：原料是农家饲养的鸡，主要食青草、玉米面为主，不添加一点饲料，用铁锅炖1~2小时，清香可口，油而不腻。

农家一锅出：主料有鲜玉米、豆角、土豆、西红柿、红烧肉、玉米饼。

手把肉（敖汉旗农业局/提供）

羊杂汤（敖汉旗农业局/提供）

风干肉咸菜片（敖汉旗农业局/提供）

杀猪菜（敖汉旗农业局/提供）

韭花汆羊肉（敖汉旗农业局/提供）

铁锅炖笨鸡（敖汉旗农业局/提供）

农家一锅出（敖汉旗农业局/提供）

奶茶

蜜汁奶豆腐

奶茶（敖汉旗农业局/提供）

蜜汁奶豆腐（敖汉旗农业局/提供）

小炒麻仔豆腐

特色风味酱脊骨

小炒麻仔豆腐（敖汉旗农业局/提供）

特色风味酱脊骨（敖汉旗农业局/提供）

（三）敖汉旗的特产

敖汉小米

敖汉旗是谷子的发源地，最有名的是四色米，分为黑、白、黄、绿四种颜色，营养价值丰富。其中黄小米具有防止消化不良、口角生疮、反胃、呕吐和滋阴养血的功效；黑小米营养丰富，含有丰富的氨基酸，容易被人体消化吸收；白小米具有祛脾胃中热、益气之功效；绿小米曾是清宫廷上品贡米，富含硒，其独特的营养价值和诱人的绿色而博得世人的推崇，是绿色食品中的一朵奇葩。2013年，敖汉小米被国家质检总局批准为地理标志保护产品。

四色米（敖汉惠隆杂粮合作社/提供）

八千粟小米（敖汉远古公司/提供）

敖汉荞麦

敖汉旗有"荞麦之乡"的美称，这里种植荞麦有得天独厚的自然地理条件，昼夜温差大，光照充足，比较适宜荞麦的生长。敖汉荞麦以其"粒饱、皮薄、面

有机荞麦粉
（敖汉惠隆杂粮合作社/提供）

有机苦荞粉
（敖汉惠隆杂粮合作社/提供）

多、粉白、筋高、品优"而驰名中外，畅销国内各大中城市，并远销日本、韩国等国家和地区，深受国内外人士的赞誉，倍受消费者的欢迎。2008年，敖汉荞麦被国家农业部批准为农产品地理标志产品。

有机荞麦米（敖汉惠隆杂粮合作社/提供）

沙漠之花系列饮料

敖汉旗是全国沙棘生态建设示范县，有"中国沙棘之都""北方杏林"之美称。内蒙古沙漠之花生态产业科技有限公司坐落在敖汉旗境内的"华夏第一村"。公司依托当地沙棘、杏仁等资源优势，生产杏仁、沙棘两大系列饮料。公司被认定为内蒙古著名企业、内蒙古农牧业产业化重点龙头企业等殊荣。原料采撷于绿野深山，天然无污染，传统工艺制造，所有产品均真材实料，不添加任何防腐剂，具有高位营养、绿色天然之特点。杏仁润肺止咳、美容养颜；沙棘消食化滞、活血散瘀，在藏医学中称沙棘果是包治百病的"灵丹妙药"。

沙棘汁（敖汉沙漠之花公司）

杏仁乳（敖汉沙漠之花公司）

华海系列白酒

内蒙古敖汉华海酒业有限责任公司生产的华海系列白酒以敖汉特产红粮、小麦为原料，经传统固态法发酵、蒸馏、陈酿、勾兑而成，未添加食用酒精及非白酒发酵产生的呈香呈味物质，具有以己酸乙酯为主体复合香的白酒。酒体清澈透

明，具有浓郁的己酸乙酯为主体的复合香气，酒体醇和谐调，绵甜爽净，余味悠长。为了满足消费者的消费需求，在白酒的市场上勇于改革创新，生产出高，中，低档华海系列白酒，如：华夏第一村，喜酒，华海酒神，华海宝典，华海特曲，66度手工坊，五魁首，一村老酒，华海窖烧，华海伍佰佳，敖汉青花瓷，政府特供华夏第一村及66度小酒海等系列产品，深受广大消费者的青睐。

华夏第一村
（敖汉华海酒业/提供）

酒神
（敖汉华海酒业/提供）

惠牛·傻子旺风干牛肉干

赤峰君奥食品有限公司生产的惠牛·傻子旺风干牛肉干是采用内蒙古大草原纯绿色无污染生态环境下生长的良种红牛牛肉，采用百年传统配方、秘制腌料腌制，经过原始加工工艺火烤烤制而成，其口味清香、色泽鲜嫩可口、是营养丰富的休闲食品。

内蒙古特产风干牛肉（赤峰君奥食品/提供）

傻子旺牛肉干（赤峰君奥食品/提供）

（四）敖汉旗的交通

敖汉旗地处环渤海经济圈，毗邻东北老工业基地，距京津唐等大中城市均在500千米以内，距锦州港仅有130千米，是内蒙古自治区距离出海口最近的地区，京通铁路横贯东西，在敖汉境内设有8个站点，国道111线、305线和赤通、赤朝高速公路穿境而过，巴新铁路、赤锦铁路正在建设。距赤峰玉龙机场、朝阳凤凰山机场100千米，玉龙机场的航班能直达北京、上海、天津、广州、呼和浩特等大中城市。敖汉旗距赤峰市、朝阳市、奈曼旗、宁城县都是110千米。新惠通往赤峰班车20分钟一趟，通往埠外客车列表如下：

敖汉汽车时刻表

线路	票价	发车时间	到站时间	返回时间	到站时间	里程（公里）
天山	60	06:10	11:00	07:00	12:30	260
天津	90	08:20	03:30	08:20	03:40	340
沈阳	118	08:20	02:30	09:00	03:00	390
鞍山	120	08:30	14:00	08:30	14:00	360
克旗	85	08:35	15:00	08:40	15:00	280
通辽	72	09:00	14:30	09:00	14:30	300
呼市	231	09:00	23:00	08:00	21:30	1 000
北京	170	09:00	19:30	09:00	19:30	666
阜新	52	09:10	15:10	10:10	15:30	200
大石桥	117	09:20	15:50	08:10	15:00	320
沈阳	118	09:20	15:30	09:00	15:30	420
锦州	55	09:50	15:00	09:50	16:00	221
大连	176	10:00	19:00	11:00	19:30	660
天津	210	10:20	21:10	17:00	07:30	580
北京	190	14:00	01:00	17:30	07:30	570

敖汉火车时刻表

车次	出发-到达	发时-到时	运行时间	参考票价
4330	敖汉（过）-赤峰	13:02-15:26	2小时24分	硬座9.5元
4327/4329	敖汉（过）-通辽	13:00-17:15	4小时15分	硬座18.5元

（五）敖汉旗的气候

　　四季气温分明，春季气温-8~15℃，夏季气温10~30℃，秋季气温8~25℃，冬季气温-10℃~25℃。随着四季气温的变化，也给这里描绘出多彩缤纷的画卷。

　　春季，杜鹃花和山杏花竞相开放，姹紫嫣红，争奇斗艳，十里杏花坡恰似花的海洋。

　　夏季，敖汉大地又换上了一片绿色盛装，绿色的农田，绿色的林网，绿色的山川，绿色的农庄。

　　秋季，这里满山绿色又随着气温降低变成晚霞般的秋叶红！让人感悟到"看万山红遍，层林尽染"诗句的神韵。

　　冬季里这里千山万壑，一片素裹，好一派北国风光！

春赏杜鹃花（敖汉旗委宣传部/提供）

夏踏绿草地（敖汉旗委宣传部/提供）

秋赏红叶（敖汉旗委宣传部/提供）

冬赏树挂（敖汉旗委宣传部/提供）

大事记

8 000年前：有了人类聚落，开始种植粟、黍。

7 000年前：由刀耕火种过渡到粗耕原始农业阶段。

6 000年前：经济生活的主流是原始农业，畜牧和狩猎也占有一定的地位。

4 000~5 000年前：进入发达的农耕文明阶段。

3 000~4 000年前：饲养猪、犬、牛、羊等家畜。

2 000~3 000年前：考古发现粟、黍是当地主要食物来源。

战国时期：农业发达，同时兼有畜牧业。

宋、辽时期：因地势高下在垅上作垅田，是辽朝亦农亦牧环境下的一大创造。

元朝时期：粟、黍不但是敖汉先民赖以生存的食物来源，也是蒙元大军行军作战的军粮。

1 600年前：《明史》曾描述敖汉旗为"沙柳浩瀚，柠条遍地，鹿鸣呦呦，黑林生风"。

清朝时期：乾隆皇帝两次巡行敖汉，留下了很多诗歌。其中一句"渐见牛羊牧，仍欣禾黍丰"将当时敖汉地区农牧业繁荣的自然美态展露无遗。

1988年：敖汉旗作出《关于大力开展以保土保水为中心的农田基本建设的决定》，生态建设开始向农田进军。

1998年：敖汉旗作出《关于加强生态农业建设的决定》。

2002年6月4日：敖汉旗被联合国环境规划署授予举世瞩目的"全球五百佳"荣誉称号。

2002~2003年期间：中国社会科学院考古研究所内蒙古工作队在敖汉旗兴隆

沟遗址进行了大规模发掘，出土了粟和黍的碳化颗粒。

2012年3月：参加中华农耕文化展，展出了一批敖汉旗绿色农产品，扩大了敖汉旗"申遗"工作的影响力。

2012年8月：敖汉旗举办的首届中国兴隆洼文化节期间，敖汉旗人民政府与联合国粮农组织中国项目办又联合举办了"全球重要农业文化遗产地摄影作品展"和以黍、粟等绿色杂粮为代表的"敖汉旗农业地工产品展"。

2012年8月：联合国粮农组织批准敖汉旱作农业系统为全球重要农业文化遗产。

2012年9月5日：全球重要农业文化遗产保护试点授牌仪式在北京人民大会堂隆重举行。FAO助理总干事Alexander Muller先生、GIAHS指导委员会主席李文华院士授全球重要农业文化遗产保护试点牌匾。

2013年3月：成立了敖汉旗农业文化遗产保护与开发管理局。

2013年5月21日：敖汉旱作农业系统等19个传统农业系统成为第一批中国重要农业文化遗产。

2013年5月24日：国家质检总局正式发布了2013年第73号公告，批准"敖汉小米"实施地理标志产品保护，产地范围为内蒙古自治区敖汉旗现辖行政区域。

2013年6月：《农业文化遗产的启示·旱作之源》在中央电视台七套《科技苑》节目中播出。

2013年8月：敖汉旗政府举办专题报告会，探究世界小米起源。

敖汉欢迎您（敖汉旗委宣传部/提供）

2014年5月28日：中国社会科学院考古研究所敖汉史前考古研究基地揭牌仪式、中央电视台科教频道《探索·发现》栏目录制的考古纪录片《敖汉旱作农业探源》首播式在敖汉旗举行。敖汉史前农业考古与全球重要农业文化遗产保护座谈会举行。

2014年6月：《敖汉旱作农业探源》

在中央电视台《探索·发现》栏目播出。

2014年8月：中国作物学会粟类作物专业委员会授予敖汉旗"全国最大优质谷子生产基地"称号。

2014年9月3-5日：由中国社会科学院考古研究所、英国剑桥大学麦克唐纳考古研究所、中国作物协会粟类作物专业委员会和敖汉旗人民政府联合主办的世界小米起源与发展国际会议在敖汉旗召开。

❶ 全球重要农业文化遗产

2002年，联合国粮农组织（FAO）发起了全球重要农业文化遗产（Globally Important Agricultural Heritage Systems, GIAHS）保护项目，旨在建立全球重要农业文化遗产及其有关的景观、生物多样性、知识和文化保护体系，并在世界范围内得到认可与保护，使之成为可持续管理的基础。

按照FAO的定义，GIAHS是"农村与其所处环境长期协同进化和动态适应下所形成的独特的土地利用系统和农业景观，这些系统与景观具有丰富的生物多样性，而且可以满足当地社会经济与文化发展的需要，有利于促进区域可持续发展。"

截至2014年底，全球共13个国家的31项传统农业系统被列入GIAHS名录，其中11项在中国。

全球重要农业文化遗产（31项）

序号	区域	国家	系统名称	FAO批准年份
1	亚洲	中国	浙江青田稻鱼共生系统 Qingtian Rice-Fish Culture System	2005
2			云南红河哈尼稻作梯田系统 Honghe Hani Rice Terraces System	2010
3			江西万年稻作文化系统 Wannian Traditional Rice Culture System	2010
4			贵州从江侗乡稻—鱼—鸭系统 Congjiang Dong's Rice-Fish-Duck System	2011
5			云南普洱古茶园与茶文化系统 Pu'er Traditional Tea Agrosystem	2012
6			内蒙古敖汉旱作农业系统 Aohan Dryland Farming System	2012
7			河北宣化城市传统葡萄园 Urban Agricultural Heritage of Xuanhua Grape Gardens	2013
8			浙江绍兴会稽山古香榧群 Shaoxing Kuaijishan Ancient Chinese Torreya	2013
9			陕西佳县古枣园 Jiaxian Traditional Chinese Date Gardens	2014
10			福建福州茉莉花与茶文化系统 Fuzhou Jasmine and Tea Culture System	2014
11			江苏兴化垛田传统农业系统 Xinghua Duotian Agrosystem	2014
12		菲律宾	伊富高稻作梯田系统 Ifugao Rice Terraces	2005
13		印度	藏红花文化系统 Saffron Heritage of Kashmir	2011
14			科拉普特传统农业系统 Traditional Agriculture Systems, Koraput	2012
15			喀拉拉邦库塔纳德海平面下农耕文化系统 Kuttanad Below Sea Level Farming System	2013

续表

序号	区域	国家	系统名称	FAO批准年份
16	亚洲	日本	能登半岛山地与沿海乡村景观 Noto's Satoyama and Satoumi	2011
17			佐渡岛稻田—朱鹮共生系统 Sado's Satoyama in Harmony with Japanese Crested Ibis	2011
18			静冈县传统茶—草复合系统 Traditional Tea–Grass Integrated System in Shizuoka	2013
19			大分县国东半岛林—农—渔复合系统 Kunisaki Peninsula Usa Integrated Forestry, Agriculture and Fisheries System	2013
20			熊本县阿苏可持续草地农业系统 Managing Aso Grasslands for Sustainable Agriculture	2013
21		韩国	济州岛石墙农业系统 Jeju Batdam Agricultural System	2014
22			青山岛板石梯田农作系统 Traditional Gudeuljang Irrigated Rice Terraces in Cheongsando	2014
23		伊朗	坎儿井灌溉系统 Qanat Irrigated Agricultural Heritage Systems of Kashan, Isfahan Province	2014
24	非洲	阿尔及利亚	埃尔韦德绿洲农业系统 Ghout System	2005
25		突尼斯	加法萨绿洲农业系统 Gafsa Oases	2005
26		肯尼亚	马赛草原游牧系统 Oldonyonokie/Olkeri Maasai Pastoralist Heritage Site	2008
27		坦桑尼亚	马赛游牧系统 Engaresero Maasai Pastoralist Heritage Area	2008
28			基哈巴农林复合系统 Shimbwe Juu Kihamba Agro–forestry Heritage Site	2008

续表

序号	区域	国家	系统名称	FAO批准年份
29	非洲	摩洛哥	阿特拉斯山脉绿洲农业系统 Oases System in Atlas Mountains	2011
30	南美洲	秘鲁	安第斯高原农业系统 Andean Agriculture	2005
31		智利	智鲁岛屿农业系统 Chiloé Agriculture	2005

❷ 中国重要农业文化遗产

我国有着悠久灿烂的农耕文化历史，加上不同地区自然与人文的巨大差异，创造了种类繁多、特色明显、经济与生态价值高度统一的重要农业文化遗产。这些都是我国劳动人民凭借独特而多样的自然条件和他们的勤劳与智慧，创造出的农业文化的典范，蕴含着天人合一的哲学思想，具有较高的历史文化价值。农业部于2012年开始中国重要农业文化遗产发掘工作，旨在加强我国重要农业文化遗产的挖掘、保护、传承和利用，从而使中国成为世界上第一个开展国家级农业文化遗产评选与保护的国家。

中国重要农业文化遗产是指"人类与其所处环境长期协同发展中，创造并传承至今的独特的农业生产系统，这些系统具有丰富的农业生物多样性、传统知识与技术体系和独特的生态与文化景观等，对我国农业文化传承、农业可持续发展和农业功能拓展具有重要的科学价值和实践意义。"

截至2014年年底，全国共有39个传统农业系统被认定为中国重要农业文化遗产。

中国重要农业文化遗产（39项）

序号	省份	系统名称	农业部批准年份
1	天津	滨海崔庄古冬枣园	2014
2	河北	宣化传统葡萄园	2013
3		宽城传统板栗栽培系统	2014

续表

序号	省份	系统名称	农业部批准年份
4	河北	涉县旱作梯田系统	2014
5	内蒙古	敖汉旱作农业系统	2013
6		阿鲁科尔沁草原游牧系统	2014
7	辽宁	鞍山南果梨栽培系统	2013
8		宽甸柱参传统栽培体系	2013
9	江苏	兴化垛田传统农业系统	2013
10	浙江	青田稻鱼共生系统	2013
11		绍兴会稽山古香榧群	2013
12		杭州西湖龙井茶文化系统	2014
13		湖州桑基鱼塘系统	2014
14		庆元香菇文化系统	2014
15	福建	福州茉莉花种植与茶文化系统	2013
16		尤溪联合体梯田	2013
17		安溪铁观音茶文化系统	2014
18	江西	万年稻作文化系统	2013
19		崇义客家梯田系统	2014
20	山东	夏津黄河故道古桑树群	2014
21	湖北	羊楼洞砖茶文化系统	2014
22	湖南	新化紫鹊界梯田	2013
23		新晃侗藏红米种植系统	2014
24	广东	潮安凤凰单丛茶文化系统	2014
25	广西	龙脊梯田农业系统	2014
26	四川	江油辛夷花传统栽培体系	2014

续表

序号	省份	系统名称	农业部批准年份
27		红河哈尼梯田系统	2013
28		普洱古茶园与茶文化系统	2013
29	云南	漾濞核桃—作物复合系统	2013
30		广南八宝稻作生态系统	2014
31		剑川稻麦复种系统	2014
32	贵州	从江稻鱼鸭系统	2013
33	陕西	佳县古枣园	2013
34		皋兰什川古梨园	2013
35	甘肃	迭部扎尕那农林牧复合系统	2013
36		岷县当归种植系统	2014
37	宁夏	灵武长枣种植系统	2014
38		吐鲁番坎儿井农业系统	2013
39	新疆	哈密市哈密瓜栽培与贡瓜文化系统	2014